# Die berühmtesten deutschen Motorräder aller Zeiten

4. erweiterte Auflage 1999
Podszun Verlagsgesellschaft mbH
Elisabethstraße 23-25, D-59929 Brilon
Herstellung Druckhaus Cramer, 48268 Greven
ISBN 3-923448-79-1

Udo Bols & Reinhard Lintelmann

# Die berühmtesten deutschen Motorräder aller Zeiten

PODSZUN

# Inhalt

K1

# Das Ding stinkt und knattert

Es ist keine Kutsche und auch kein Fahrrad. Eine Kreuzung aus beiden könnte es sein, was sich 1885 dem skeptischen, fast belustigten Publikum präsentiert: Ein Holzgestell, zwei Kutschräder, zwei kleine Stützräder, ein Sattel. Das Ding stinkt und knattert, und... fährt von selbst!

Eigentlich hätte dieser Auftritt ein begeistertes, applaudierendes Publikum verdient gehabt. Doch wer konnte damals schon ahnen, was dort vor sich ging! Wer konnte ermessen, daß es sich hier um eine Weltpremiere erster Klasse handelte, die Geburtsstunde des Motorrads.

Gottlieb Daimler hat diesen "Reitwagen"gebaut. Der Mann, der ein Jahr später, gleichzeitig mit Karl Benz, aber ohne von ihm zu wissen, auch für die Erfindung des Automobils sorgt. Der Reitwagen, ein Niederrad mit stehendem 1-Zylinder-Motor mit Glührohrzündung und Oberflächenvergaser, 264 ccm Hubraum, 700 U/min und 0,5 PS, erreicht eine Höchstgeschwindigkeit von etwa 12 km/h. Und er besitzt schon wesentliche Konstruktionsmerkmale des heutigen Motorrads: niedrige Schwerpunktlage, klare Linie des Rahmens, Zweigang-Wechselgetriebe.

Gleich nach der Erfindung des Fahrrads hatte man versucht, dieses neue Fahrzeug durch Maschinenkraft anzutreiben. Zunächst mit einer kleinen Dampfmaschine, die Perreaux 1868 in ein eisenbereiftes Fahrrad einbaut. Eine brauchbare Lösung ist dies allerdings nicht. 1876 gelingt Nikolaus Otto ein wirklich betriebsfähiger Ver-

Daimler Reitwagen von 1885, das erste Motorrad der Welt

brennungsmotor im Viertaktverfahren, dessen grundsätzliche Arbeitsweise noch heute in der ganzen Welt bei den Otto-Motoren üblich ist. Allerdings sind diese Gasmotoren zu schwer und zu unpraktisch, weil man ständig von einem Gaserzeuger abhängig ist.

Also muß ein schnellaufender Benzinmotor her. Und den erfindet Gottlieb Daimler nach jahrelanger, hartnäckiger Arbeit. Daimlers erster Motor ist ein stationärer, liegender Einzylinder, der 900 Umdrehungen in der Minute macht und ein Leistungsgewicht von 40 kg/PS aufweist. Für damalige Verhältnisse eine Sensation, denn die Gasmotoren machten etwa 200 U/min und hatten ein Leistungsgewicht von über 600kg/PS.

Weiter geht's in der Entwicklung des Motorrads bei der Firma Hildebrand & Wolfmüller in München, die 1894 bereits 800 Motorräder bauen. Das Rad hat freien Einstieg und einen liegenden Zweizylinder-Viertaktmotor mit 2,5 PS, Daimler-Glührohrzündung und Wasserkühlung. Die Kraftübertragung auf die Hinterachse erfolgt unmittelbar durch Kurbeln, ab 1897 wird ein Wellenantrieb eingebaut.

Hildebrand & Wolfmüller von 1894

Dann macht Frankreich von sich reden, wo die Gebrüder Werner 1896 in Paris den erfolgreichen Serienbau mit einem an der Lenkstange des Fahrrads aufgehängten Motor üben. Die Kraft wird durch einen Riemen auf das Vorderrad übertragen.

Fahrrad mit Hilfsmotor (Frankreich 1902)

Um die Jahrhundertwende beginnt in Deutschland und England der Serienbau von Motor-Zweirädern, wobei der Motor in die Nähe der Tretkurbellagerung verlegt wird. Heute noch populäre Marken wie NSU, Triumph, Victoria, Dürkopp und Wanderer betreten die Motorrad-Szene. Aber auch Firmen wie Brennabor, Hiller und Cyklon nehmen die Motorradproduktion 1901/1902 auf. Alle basteln zunächst an der Weiterentwicklung des Fahrrads durch Einbau eines Motors. Im Laufe der Zeit allerdings kommen immer mehr eigene Konstruktionsformen auf den Markt.

1905 baut NSU eine 4-PS-Maschine mit Wasserkühlung und Victoria einen Viertaktmotor mit Magnetzündung und einer Leistung von 2 1/4-3 PS. Das erste Triumph-Motorrad erscheint 1903 mit Batteriezündung und einem 2-2 1/2-PS-Motor aus England. Die Motoren werden immer stärker, und 1906 erreichen sie bereits Spitzengeschwindigkeiten von 70 km/h.

Fortschritte bringt die Einführung des Keilriemens (1903) und die doppelte Übersetzung mit Leerlauf in der Hinterradnabe oder an der Motorwelle. Planetengetriebe mit Reibungskupplungen werden verwendet, und es werden Versuche mit im Durchmesser verstellbaren Riemenscheiben ge-

NSU von 1905 mit 4-PS-Maschine

macht. Bei der Wanderer von 1908 kann der Abstand der Motor-Riemenscheibe während der Fahrt verändert werden. Entscheidende Fortschritte wie Kickstarter und Dreiganggetriebe erfolgen um 1913/14.

Weil der Staat schon damals bei der Steuer kräftig zulangt (und das ganz ohne Wiedervereinigung) und außerdem den Motorradfahrer mit behördlichen Bestimmungen überzieht, kommt in Deutschland die Freude am Motorrad nur langsam auf. Ganze 20.000 Stück werden 1914 gezählt. Und das ist im Verhältnis zu Frankreich und England bescheiden. Beim Motorradsport allerdings liegen wir ganz vorn. Bereits 1912 werden von NSU-Maschinen bei Rennen 140 km/h erreicht. Diese schnellen NSU-Zweizylinder sind auf allen Kontinenten als Spitzenklasse bekannt.

In den zwanziger Jahren, als Tonfilm und Rundfunk in Deutschland Premiere haben, kommt der Durchbruch des Motorrads als günstiges Gebrauchsfahrzeug. Die Folgen des Ersten Weltkrieges verlangen billige und möglichst schnell verfügbare Transportmittel. Führerscheinfreie Kleinkrafträder und Hilfsmotoren für den Einbau sind gefragt, aber auch stärkere Maschinen für Sozius- und Gespannbetrieb. Zu den traditionellen Marken gesellen sich neue, wie z. B. Zündapp, Horex und Ardie, die die Entwicklung mit Schwung und Kreativität vorantreiben. Die Folge: 1927 gibt es in Deutschland rund 400 000 Krafträder.

Das erste Zweitaktmotorrad, das mit einer Gummiwelle das Vorderrad antreibt, gibt es schon Anfang des Jahrhunderts bei den Komet-Werken in Dresden. Serienmäßig beginnt die Erfolgskarriere des kleinen Zweitakters erst zu Beginn der zwanziger Jahre. Vorreiter: Der von Rasmussen in Zschopau gebaute DKW-Motor, der aus einer 25-ccm-Spielzeugmaschine entwickelt wird. Aber auch Ardie, Triumph und Zündapp sind eifrig mit von der Zweitakt-Partie. Während Ardie Erfolge mit 300er und 350er Zweitaktern erzielt, gibt es bei Triumph 1919/22 die legendäre 2 1/2-PS "Knirps". Der eigenwillig langgestreckte Tank faßt 6,5 Liter, die immerhin für eine Fahrt von 200 km reichen.

Die zwanziger Jahre sind auch das Jahrzehnt des Eintritts von BMW in die Motorradszene. Die R32 mit 500-ccm-Boxermotor und 8 PS erscheint 1923 und sorgt für Aufsehen. Die Konstruktion, die sich vom Flugmotorenbau ableitet, weicht völlig vom Üblichen ab. Die zwei Zylinder des Boxermotors liegen quer zur Fahrtrichtung. Motor und Getriebe bilden einen einheitlichen Block und die Kraftübertragung erfolgt kettenlos durch eine Kardanwelle auf das Hinterrad.

In den dreißiger Jahren, es gibt gerade die ersten Fernsehbilder, Max Schmeling ist Box-Weltmeister, wird besonders bei NSU auf die Hupe gedrückt. Immerhin hatte man 1929/32 den Kraftwagenbau zugunsten des Motorrads eingestellt. Fließbandarbeit wird eingeführt, die erfolgreichen kopfgesteuerten Motoren kommen und das damals billigste Motorfahrrad der Welt, die NSU-Quick, wird ab 1936 mehr als 300 000 mal gebaut. Auch BMW setzt in den dreißiger Jahren Maßstäbe: Der neue Preßstahlrahmen und die 1934 eingeführte Teleskop-Gabel mit Öldruckdämpfung gelten als Pionierleistungen. Und 1937 stellt BMW einen Geschwindigkeits-Weltrekord auf, der erst 1951 gebrochen wird: 279 km/h auf einer 500er mit aerodynamischer Verkleidung.

In den vierziger Jahren tut sich nicht viel in der Motorradentwicklung. Kriegsproduktion ist angesagt, Forschung und Entwicklung beschränken sich im Wesentlichen auf rüstungsrelevante Erzeugnisse.

Restaurierte Triumph-Knirps von 1920

200-ccm-BMW R2, die von 1931 bis 1936 gebaut wurde

Der Zweite Weltkrieg legt Deutschland in Schutt und Asche. Besonders betroffen von Kriegsschäden sind Industriebetriebe aller Art, natürlich auch die Motorradfabriken.

Mit der Währungsreform von 1948 geht es wieder bergauf. Und wie schon nach dem Ersten Weltkrieg, so sind auch jetzt wieder billige und möglichst einfach herzustellende Transportmittel gefragt. An eine regelrechte Produktion ist zunächst nicht zu denken. Es gibt kein Material. Improvisation hat Konjunktur. Und während in Berlin amerikanische Transportflugzeuge die blokkierten Bewohner versorgen, beginnen vornehmlich in Nürnberg und Bielefeld, aber auch andernorts, die deutschen Motorrad-Nachkriegsproduktionen. Große wie kleine, mittlere wie winzige Firmen, die schon vor dem Krieg Motorräder herstellten, jedoch auch Fahrrad- und Nähmaschinenfabriken versuchen, Marktanteile zu erringen.

Die Rechnung geht zunächst auf. Auch wenn bald über vierzig Hersteller den deutschen Motorradfahrer bewerben: Das preisgünstigste und relativ schnelle Fahrzeug findet Anklang. Es ist erschwinglich, auch für Verdiener der unteren Gehaltsgruppen. Geschickte Werbung, die den Motorradfahrer als von Petticoat-Schönen umschwärmten Casanova präsentiert, heizt den Verkauf an. Motorrad-Rennen sind beliebt und die populären Rennfahrer. Auch das fördert den Absatz.

Neuerungen in der Motortechnik, kühne Fahrgestellkonstruktionen, Verbesserungen der Federung, kleinere Reifen, verdeckte Kettentriebe, breitere Bremsflächen, glattere Außenformen und eine immer umfangreicher werdende Typenpalette: Das Motorrad der fünfziger Jahre.

"Das Kraftrad von heute ist stabil, unempfindlich, leistungsfähig und wirtschaftlich. Das sind nicht Schlagworte, sondern diese Behauptungen lassen sich jederzeit beweisen. Das einspurige Kraftrad ist und bleibt das wirtschaftlichste Kraftfahrzeug." Diese Feststellung trifft Anfang der fünziger Jahre Joachim Fischer in dem Buch "Schuricht, Das Kraftrad und seine Behandlung". Dem ist nicht zu widersprechen. Nur, die Wirtschaftlichkeit allein kann den Motorradboom nicht mehr tragen. Das Wirtschaftswunder treibt schneller voran, als manchem Motorradhersteller lieb sein kann. Der Deutsche wird anspruchsvoller! Er kann es sich erlauben; das Einkommen steigt. Motorroller und Kleinwagen drängen auf den Markt. Die Vorzüge dieser

Hercules 312 (1950-1953)

Dürkopp MD 150 (1951-54)

Fahrzeuge sind nicht zu übersehen. Die Kleinwagen sind wetterunabhängig, Kind und Hund finden auch noch Platz. Außerdem greift das Prestige-Denken um sich. Gegenüber dem Motorrad gilt der Motorroller inzwischen als eleganter und schmutzgeschützter und findet besonders die Zustimmung der mehr und mehr motorbewußten weiblichen Kundschaft.

Der Motorradverkauf sinkt Mitte der fünziger Jahre rapide ab. Wurden 1954 noch rund 300.000 neue Motorräder abgesetzt, so sind es 1956 nur rund 73.000 Stück und 1957 etwa 40.000 Stück. Viele Motorradhersteller versuchen, die Talfahrt durch hastige Produktionen von Motorrollern, Kabinenrollern, Dreirädern und Kleinwagen zu bremsen. Den meisten gelingt dies jedoch nicht. Der Markt ist besetzt. Und während die letzten Kriegsheimkehrer ankommen und die deutsche Wirtschaft wahre Triumphe feiert, müssen viele Motorradfabriken ihre Tore schließen. Man hatte zu übereilt die

Andrang am Berliner Kraftverkehrsamt kurz vor Ostern 1955

Produktionsanlagen ausgebaut, hohe Kredite aufgenommen. Die gesünderen Firmen oder solche, die sich nicht nur auf den Motorradbau beschränkt hatten, können durch Umstellung ihren Betrieb erhalten. Von den etwa 40 Herstellern zu Beginn der fünfziger Jahre produzieren Ende der Fünfziger nur noch etwa zehn Firmen Motorräder.

In den sechziger Jahren steigen die Versicherungsprämien stark an, die Werkstattbetreuung wird schlechter und die Japaner kommen. Die Hondas, Yamahas und Kawasakis erobern den deutschen, den europäischen Markt. Traditionsreiche Marken wie NSU und Dürkopp geben auf. BMW, Hercules, Maico und Zündapp können sich gegen die Konkurrenz aus Asien zwar behaupten, aber die goldenen Jahre der deutschen Motorradindustrie sind vorbei. Das Auto hat den Kampf um die Käufergunst klar für sich entschieden. Dem Motorrad bleiben allein die Sport- und Spaßfahrer treu. BMW hat sich längst darauf eingestellt und setzt sich nicht nur gegen die Japaner, sondern auch gegen die Italiener durch, die mit rasanten, sportlichen Maschinen den neuen Käuferwünschen entsprechen wollen. Aber es gibt auch eine kleines Wunder: Eine neue deutsche Mark traut sich mit einer Supermaschine in die Szene: Münch.

In den siebziger und achtziger Jahren kommt es zu einem neuen Boom. Motorradfahren ist "in". Der Anteil der Sport- und Spaßfahrer nimmt enorm zu. Aber die deutschen Marken, außer BMW, nehmen daran kaum teil. Hercules und Zündapp haben sich auf Mopeds und dergleichen spezialisiert, Maico versucht Erfolge im Cross-Geschäft, muß aber trotz aller Bemühungen 1983 Konkurs anmelden. Zündapp trifft es ein Jahr später; die kompletten Anlagen werden nach China verkauft, ein weiteres Kapitel deutscher Motorradtradition ist abgeschlossen. Heute gibt es "richtige" Motorräder aus deutscher Produktion nur noch von einer Marke: BMW.

BMW R 75/7, 745-ccm-Maschine (1976-77)

Dieses Buch will und kann am Beispiel der berühmtesten Maschinen die Geschichte des deutschen Motorrads nur aufreißen. Es möchte einen ersten Einblick geben und versuchen, die Faszination des Motorrads mit kurzgefaßten Texten und vielen Abbildungen zu veranschaulichen. Den Anspruch auf umfassende Dokumentation und Typologie erhebt das Buch nicht.

Bei allen Daten wurden, soweit es möglich war, jeweils die Werksangaben zugrunde gelegt. Sollten Sie, liebe Leserin, lieber Leser, trotzdem Fehler entdecken, die wegen der Vielfalt der unterschiedlichen Quellen nicht auszuschließen sind, wären wir sehr dankbar für Ihre Übermittlung an den Verlag.

Udo Bols und Reinhard Lintelmann

# 1949: Start frei für neue Produktion

Als Heinrich Kleyer 1886 in Frankfurt die Adler-Fahrradwerke gründet, legt er den Grundstein zu einer Firma, die hundert Jahre später zu den bedeutendsten Büromaschinenherstellern Europas zählt. 1900 beginnt bei Adler der Automobilbau und ein Jahr später werden die ersten Motorräder hergestellt. Zunächst mit französischen De-Dion-Motoren, aber schon ab 1903 werden qualitätsvolle, eigene Motoren eingebaut. Die beiden Kleyer-Söhne sind vom Automobilbau so begeistert, daß sie die Motorradproduktion 1907 einstellen. Durch die hohe Qualität setzen sich die Autos sehr

Restaurierte Adler mit Beiwagen und eigenem Motor (1903-1907)

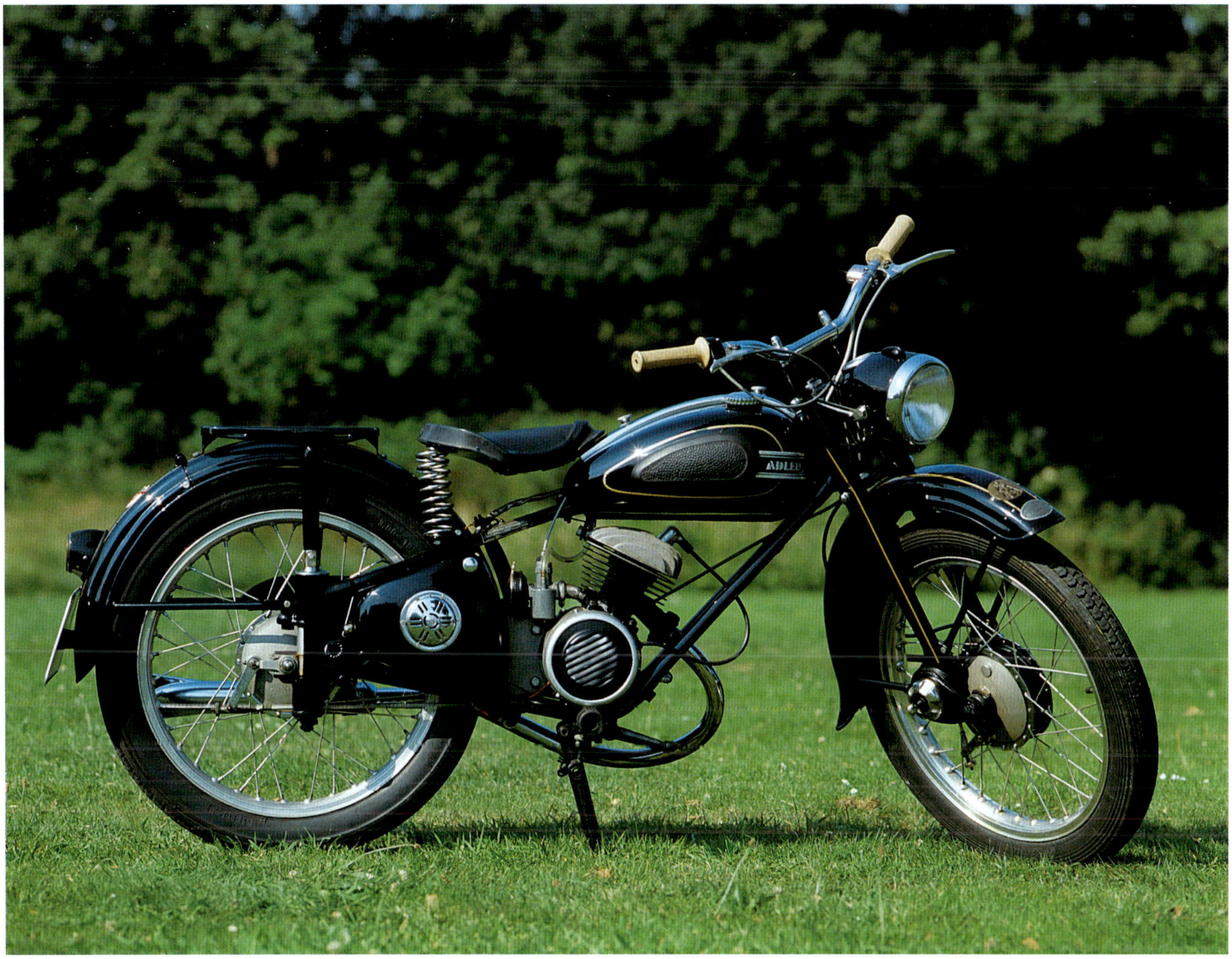

Adler M 125 mit 5,6 PS und 80 km/h Spitze. Preis 1951: 1185 DM

schnell auf dem noch recht jungen, aber schon umworbenen Markt durch.

In den dreißiger Jahren scheidet die Familie Kleyer aus den Adlerwerken aus, was diesen jedoch keinen Abbruch tut: Die Geschäfte mit der Herstellung von Autos und Fahrrädern laufen gut. Im Zweiten Weltkrieg wird das Werk teilweise zerstört, aber schon 1945 beginnt die Nachkriegsproduktion. Auf den Automobilbau wird verzichtet; man beschränkt sich auf Büromaschinen und Fahrräder. 1949 gibt Adler-Direktor Friedrich den Start frei für eine erneute Motorradproduktion.

Zunächst wird eine Zweitakt-Einzylinder-Maschine ins Rennen geschickt. Ausgestattet mit eigenem 98-ccm-Motor mit Umkehrspülung, abnehmbarem Leichtmetell-Zylinderkopf und stabilem Doppelrohrrahmen mit Schwinghebelgabel. Weil Löhne und Gehälter steigen, wird der Motorradfahrer anspruchsvoller. Er will mehr PS und Adler reagiert mit 123- und 147-ccm-Maschinen, die der 98er sehr ähnlich sind. Allerdings hat sich inzwischen die Teleskop-

Zweizylinder-Adler M 200 von 1952

Motorrad-Schneider
Bielefeld
Heeperstr. 56a Telefon: 3671
KRAFTVOLL
RASSIG
SCHÖN
ADLER 100

Auf der IFMA 1951 wird die Adler M 150 mit 6,8 PS und 85 km/h Spitze für 1475 DM angeboten

Hinterradfederung durchgesetzt. Ein großer Erfolg gelingt Adler 1951 mit der Einführung von Zweizylinder-Motoren mit 195 ccm. 1953 folgt das gleiche Modell mit 247 ccm. Die als ausgesprochen formschön geltenden Zweizylinder-Maschinen erreichen eine Spitzengeschwindigkeit von 95 bzw. 116 km/h. 5.000 Mitarbeiter sind 1954 bei Adler beschäftigt und 1955 werden fast 90.000 Zweiräder verkauft.

Die 1956 erscheinende "Sprinter" mit 247-ccm-Zweitaktmotor und 18 PS (Preis 1956: 2265 DM) entspricht im Wesentlichen der MB 250. Allerdings erhält der geschlossene Doppelschleifenrahmen eine veränderte Führung. Die "Sprinter" ist trotz der jetzt um sich greifenden Absatzkrise in bekannter Qualität produziert. Den Fortbestand der Adler-Motorradherstellung, die so beispielhafte Maschinen auf den Markt brachte, kann sie nicht retten. Adler gerät in die roten Zahlen. Dafür ist sicherlich die Absatzkrise in hohem Maße verantwortlich. Hinzu kommt allerdings, daß bei Adler nach dem Krieg sehr kostenaufwendig entwickelt wurde. Das wiederum ist eine Folge des hohen Qualitäts-Maßstabs, den Adler an sich selbst stellte und eine Folge der Ausgangsposition: Während die meisten Firmen in der Nachkriegszeit auf bestehende Konstruktions- und Fertigungseinrichtungen zurückgreifen konnten, mußte Adler völlig neu beginnen. Man hatte 40 Jahre keine Motorräder mehr gebaut. 1957 wird Adler von Grundig übernommen und der Motorradbau eingestellt.

# Aus der Zweiradmetropole Nürnberg

Arno Dietrich ist in der Zweiradmetropole Nürnberg zu Hause, wo er 1919 in einem schlichten Schuppen die ersten Ardie-Motorräder baut. Bis 1925 werden eigene Motoren verwendet, danach vorwiegend die englischen JAP. Firmenchef Dietrich, der bei Triumph als Werkmeister beschäftigt war, bevor er sich selbständig macht, verunglückt 1922 bei einer Probefahrt tödlich. Die Witwe tut sich mit zwei Fürther Rechtsanwälten zusammen, begeisterte Motorradsportler, und gründet eine GmbH. Das Unternehmen läuft gut weiter und macht besonders durch Rennsporterfolge auf sich aufmerksam.

Ardie B 252 mit 13 PS und 108 km/h Spitze

Nach dem Zweiten Weltkrieg beginnt 1949 wieder die Serienproduktion. Die Ardies besitzen eigene Zweitakt-Motoren mit Kreuzstromspülung. Die ersten beiden Modelle, B 125 und B 250, verfügen über Doppelrohrrahmen und vorderer Teleskopgabel. Beide Motorräder gelten als sehr robust und in einer Werbeanzeige von 1952 kann man lesen, daß die Ardie-Motorräder "in Leistung und Ausstattung zu höchster Vollendung gebracht" worden seien.

Die B 251 von 1951 ist der B 250 weitgehend ähnlich, kann jedoch auf eine Jurisch-Hinterradfederung verweisen.

Die BD-Baureihe beinnt 1952 mit dem 175er Modell mit Dreigang-Schaltung und 1955 folgt die BD 176 mit vier Gängen. Diese Hubraumklasse ist 1955 im Verhältnis von Kosten zur Leistung die wirtschaftlichste. Die BD 176 hat gegenüber ihrer Vorgängerin den Vorzug der erhöhten Leistung und der Schwingenhinterradfederung. Die weitergehende Verkleidung sorgt für elegantes Aussehen. Die Bremsen kommen bei einem Test nicht so gut weg.

Die B 252 verfügt über Leichtmetallkolben, der Motor ist mit dem Getriebe zu einem Block vereinigt und hat zweckmäßig angeordnete Kühlrippen, die Kurbelwelle ist dreifach gelagert. Der Rahmen ist geschlossen und aus nahtlosem Stahlrohr. Man kann die Ardie B 252 in grüner oder schwarzer Hochglanz-Emaillierung bekommen.

An dem Sportmodell, der B 252 S, ist besonders bemerkenswert, daß Zylinder und Zylinderkopf zur besseren Wärmeabstrahlung schwarz gefärbt sind. Der Leichtmetallzylinder hat zwei Auspuffrohre, um den breiten Auslaßschlitz zu unterteilen und das Einfedern der Ringe zu vermeiden. Darüber hinaus kommt der Doppelauspuff natürlich der Schalldämpfung zugute.

Die BZ 350 ist mit einem Parallel-Zweizylinder-Motor ausgerüstet und kommt 1955 auf den Markt, zu einer Zeit, zu der Ardie längst zum Barthel-Konzern gehört. Diesem untersteht auch die Firma Dürkopp und man entscheidet sich für einen Zusammenschluß der beiden Motorradmarken unter der Führung von Dürkopp. Dort wird zunächst noch mit dem Namen Ardie in Nürnberg weiterproduziert, aber 1958 können die Barthel-Leute die Produktionskapazität für andere Bereiche verwenden und der Ardie-Motorradbau ist zu Ende.

Ardie BZ 350 mit 20 PS und 125 km/h Spitze. Der Preis 1955: 2175 DM

# Mit fachwerklichem Können

Wenn man vor seinem Tod (Oktober 1990) zu August Wurring nach Ratingen-Breitscheid kam, konnte man es kaum glauben: Der Firmengründer und berühmte Konstrukteur empfing seine Gäste höchstpersönlich und führte durch seine kleine, ungemein saubere Fabrik, die sich seit den fünfziger Jahren nicht verändert hat.

Wurring, gelernter Elektromechaniker, gerät schon seit frühester Kindheit in den Bann des Motorrads. Als 17jähriger repariert und pflegt er jede Maschine, die ihm Nachbarn, Freunde usw. anvertrauen. Mit 21 Jahren gründet er die AWD, August-Wurring-Werke Düsseldorf und erwirbt sich schnell einen guten Ruf für seine Fahrwerkqualität. Seine Motorräder mit 122, 145 und 172 ccm Hubraum sind mit DKW-Motoren ausgestattet, es gibt aber auch einige Zweitakter mit Motoren von Villiers und die späteren Modelle mit größeren Blackburne-Motoren weisen 678 ccm und sogar 1098 ccm Hubraum auf. Wurrings Prinzip, niemals größere Serienproduktionen herzustellen, sondern die Kundschaft mit fachwerklichem Können zu binden, beschert zwar keine Reichtümer, erleichtert aber in schweren Zeiten das Überleben. So kommt es, daß die Firma ohne Unterbrechung seit 1921 bestand und bis 1990 uurden auf Wunsch Originalteile oder komplette Konstruktionen angefertigt.

Nach dem Krieg beginnt die Herstellung von Motorrädern mit 98-, 123- und 173-ccm-Motoren von Fichtel & Sachs und Ilo. 1955 kommt eine 150er mit Fichtel & Sachs-Motor, eine 200er mit Ilo-Motor und eine 250er hinzu, die mit ein oder zwei Zylin-

AWD SZ 252 mit 15,1 PS und 114 km/h Spitze

Motorradpionier August Wurring als 84-jähriger in seiner Fabrik

dern geliefert werden kann. Während andere Firmen zu Beginn der fünfziger jahre ihre Betriebe rasch vergrößern und dafür hohe Kredite aufnehmen, lehnt August Wurring dies ab. Er bleibt seinem Prinzip treu und rettet damit die Firma über die schwere Krise in der zweiten Hälfte der fünziger Jahre. Der "Spiegel" berichtet in einem Artikel über die Motorradpleiten: "Auch in der Motorradfertigung hielten sich solche Außenseiter und Kleinstfabriken. Typisch dafür ist der Betrieb des alten Zweiradpioniers August Wurring in Breitscheid bei Düsseldorf, in dem nur ein Dutzend Arbeiter beschäftigt ist."

AWD SZ 175, die von 1953-1959 gebaut wurde, mit 8,2 PS und 90 km/h Spitze

BMW startet 1922 mit der "Helios" ins Motorradgeschäft

# Von der Helios zur K1

Zunächst sind es Flugmotoren, die von der 1917 gegründeten "Bayerischen Motorenwerke GmbH" gebaut werden. Aber der Name BMW, der Weltruhm erlangen wird, ist geboren. Mit Motorradmotoren befaßt sich BMW seit 1920, als Chefkonstrukteur Friz zusammen mit dem jungen Ingenieur Martin Stolle den Zweizylinder-Boxermotor mit 500 ccm Hubraum zur Serienreife bringt. Jenen legendären Motor, dessen Prinzip - Boxermotor und Kardanantrieb im Rohrrahmen - noch heute Gültigkeit hat. Zunächst wird der Motor als "Bayern-Kleinmotor" an Motorradhersteller wie Victoria, Corona und Bison verkauft.

Aber bereits 1922 reifen bei BMW Pläne, ein eigenes Motorrad auf den Markt zu bringen: Die Helios, wie sie zunächst genannt wird, hat den längs eingebauten Zweizylinder-Boxermotor mit 486 ccm Hubraum und 6,55 PS. Die Kraft wird per langer Kette auf das ungefederte Hinterrad übertragen.

Aber erfolgreich verkaufen läßt sich die Helios nicht und Max Friz konstruiert ein neues Fahrgestell, kombiniert das Triebwerk mit einem fortschrittlichen Dreigang-Schaltgetriebe und Kardanantrieb. Und bereits 1923 kann BMW die genial konzipierte R32 vorstellen.

Sie gilt offiziell als das erste BMW-Motorrad: Die R32 von 1923 mit 500 ccm und 8 PS

Zusammen mit den Flugmotoren bildet der Motorradbau bei BMW die Grundlage in den zwanziger Jahren. Der Automobilbau wird erst 1929 aufgenommen. In diese Zeit fällt auch der Beginn der großartigen Rennsporterfolge der BMW-Motorräder: Rudolf Schleicher gewinnt 1927 in England die Goldmedaille in der Sechstagefahrt. Zehn Jahre später ist eine BMW das schnellste Motorrad der Welt und 1939 erringen Motorräder mit der blau-weißen Marke 491 Goldmedaillen innerhalb eines Jahres. Schorsch Meier gewinnt im gleichen Jahr auf einer 500-ccm-Kompressormaschine die begehrte englische Tourist-Trophy.

Die BMW-Gebrauchsmotorräder der zwanziger Jahre haben zunächst 493 ccm Hubraum, es folgen Maschinen mit 248 ccm-Einzylinder-Motor und Ende der zwanziger Jahre ein 734-ccm-Zweizylindermodell mit Rohrrahmen. Motoren und Fahrgestelle werden ständig weiterentwikkelt, und in den dreißiger Jahren kann man eine Palette von 198 bis 734 ccm bei BMW bekommen.

BMW R42 von 1926 mit 12 PS

BMW R52 von 1928 mit 12 PS

BMW R2 von 1931 mit neuem Einzylinder-Motor für die führerscheinfreie 200-ccm-Klasse

BMW R12 von 1935 mit 745 ccm und 18/20 PS

Mit der R12 führt BMW die erste hydraulisch gedämpfte Teleskop-Vorderradgabel ein. Hier eine restaurierte Maschine, die 1991 fotografiert wurde.

BMW R35 von 1937 mit 342 ccm und 14 PS

Die BMW R20 erscheint 1937 mit komplett überarbeitetem Motor

BMW R51 von 1938 mit 24 PS und Geradweg-Hinterradfederung

BMW R25/2 von 1951 mit 247 ccm und 12 PS mit Steib-Beiwagen

BMW R25/3 von 1953 mit 13 PS

Gegen Ende des Zweiten Weltkrieges wird BMW stark zerstört und die Motorradproduktion beginnt 1948 mit einer Einzylindermaschine. Auf dem Genfer Salon im März 1948 wird die R24 präsentiert, die auf dem Vorkriegsmodell R23 basiert und nach Auslieferung Ende 1948 gleich gute Verkaufserfolge erzielt. Der Rohrrahmen ist noch verschraubt. Die Ende 1950 nachfolgende R25 mit Hinterradfederung ist mit verschweißtem Rohrrahmen, verstärkter Kurbelwelle und auffallend breitem Vorderradschutzblech ausgestattet.

Die 1951 auf den Markt gebrachte R25/2 hat einen verbesserten Zylinderkopf, die R25/3 trägt einen neugeformten Tank, Leichtmetallfelgen und eine hydraulisch gedämpfte Teleskopgabel. Der in Gummi gelagerte Motor besitzt einen verbesserten Zylinderkopf mit vergrößerten Kühlrippenflächen und einen Vergaser mit größerem Durchlaß. Die R25-Modelle gehören zu den erfolgreichsten BMW-Motorrädern. Sie erzielen enorme Stückzahlen. Insgesamt werden in den Jahren 1950-56 über 100 000 R25 gebaut.

Die Motorradkrise auf dem deutschen Markt Mitte der fünfziger Jahre übersteht BMW einerseits durch die hervorragende

Die BMW 25/3, die von 1953-56 gebaut wird und von der 47 700 Stück verkauft werden, hat Neuerungen zu bieten: Z.B. Vollnabenbremsen, 18-Zoll-Räder und hydraulisch gedämpfte Teleskopgabel

BMW R51/3, Baujahr 1952/53, mit Vorderrad-Duplexbremse. Die Ausgabe von 1954 wird mit verbesserter Vorderradgabel und Stoßdämpfern mit hydraulischen Anschlägen ausgestattet.

Qualität ihrer Maschinen, andererseits aber auch durch die Produktion von Kleinwagen, die den Motorradboom ablösen. Die Isetta wird ein großer Erfolg, und so können zunächst die wenig gewinnträchtigen großen Limousinen weitergebaut werden. Im Motorradbereich kommt 1955 ein neues Fahrwerk für die Zweizylindermaschinen auf den umkämpften Motorradmarkt. Der Vollschwingrahmen, die moderne Hinterradschwinge und die Earles-Vordergabel finden große Zustimmung. Die R50, eine Zweizylinder-Viertaktmaschine mit 494 ccm ist jetzt auch mit Sitzbank und Bremslicht zu bekommen und wird bis 1969 gebaut.

Die neue Sportmaschine BMW R68 (1952-54)

BMW R67 von 1951 mit 594 ccm und 26 PS und neuem Motor mit zentraler Nockenwelle, die auch den Magnetzünder antreibt.

BMW R67/2 von 1952 mit 28 PS

Der Getriebeblock der R68 von 1954

Mit der BMW R50 von Johannesburg nach München

BMW R69, die von 1955-69 gebaut wird, mit 595 ccm und 35 PS

BMW R60 mit BMW-Schwingachs-Seitenwagen

Ende der fünfziger Jahre wird die Finanzlage bei BMW dann doch sehr kritisch. Der jetzt umsatzstarke Mittelklassewagenbereich wird nicht in Anspruch genommen, die großen Limousinen verkaufen sich mehr schlecht als recht, und mit der Isetta ist das große Geld auch nicht mehr zu machen. Die Motorräder erzielen zwar noch akzeptable Stückzahlen, besonders die R26, aber der Verkauf von BMW wäre nicht aufzuhalten gewesen, hätten nicht die Kleinaktionäre mit ihrer Widerstandskraft und die Quandt-Gruppe mit ihren Geldspritzen dieses verhindert. BMW wäre sicher mit Daimler-Benz verschmolzen worden und die internationale Kraftfahrzeugszene um eine attraktive Marke ärmer.

Mit der Entwicklung des gelungenen Mittelklassewagens BMW 1500 geht es ab 1961 wieder aufwärts. Im Motorradbereich sorgt die R27 mit ihrem gummigelagerten "Schwebemotor" für neue Impulse. Ende der sechziger Jahre, rechtzeitig zum Beginn des neuen Motorradbooms, präsentiert BMW eine völlig neu entwickelte Serie, die /5-Reihe. Diese sportlichen Zweizylinder-

BMW R27 (1956-66) mit 247 ccm und 18 PS

BMW R69S (1960-69) mit 594 ccm und 42 PS

BMW R75/5 (1969-73) mit 745 ccm und 50 PS

Boxer, mit deren Produktion die Motorradherstellung von München nach Berlin verlegt wird, sind ausschließlich für den Solobetrieb gedacht und kommen mit folgenden Verbesserungen auf den Markt: Leichter Doppelschleifen-Rohrrahmen mit Hinterradschwinge und Teleskopgabel vorne, Kurbelwelle und Pleuel gleitgelagert, Drehstromgenerator, Batteriezündung, elektrischer Anlasser. Der mächtige Tank ist mit Gummi-Knieschutzpolstern beklebt.

Die ersten BMW über 750 ccm, die R90S und die R100S erscheinen 1973 mit serienmäßig eingebautem Fünfgang-Getriebe, Doppelscheibenbremse am Vorderrad und der sogenannten Cockpitverkleidung, die bei der R100RS von 1976 erstmals als serienmäßige Wetterschutz-Vollverkleidung angeboten wird. Die R100RS mit Scheibenbremse am Hinterrad (ab 1978) und Gußspeichenrädern (ab 1977) wird bis 1984 gebaut und erringt den Titel "meistverkauftes BMW-Boxer-Modell".

Die BMW-Geländemaschine Enduro kommt 1980 als Serienversion auf den

BMW R60/7 (1976-80) mit 599 ccm und 40 PS. Die baugleiche R100/7 (1976-78) wird mit 980 ccm, 60 PS, Fünfganggetriebe und Scheibenbremsen geliefert.

Die neue BMW K-Reihe: K100 (1983) mit 987 ccm, 90 PS und 215 km/h Spitze

BMW R80G/S (1980-87) mit 797 ccm, 50 PS und 168 km/h Spitze, die erste Serienversion einer BMW Enduromaschine

Markt. Sie ist mit 797 ccm das hubraumstärkste Modell dieser Gattung und kann als erstes Motorrad der Welt auf eine Einarmschwinge mit einem Federbein für die Hinterradführung verweisen. 1988 wird die Enduro R100GS von einem 1000-ccm-Motor angetrieben.

Zwar haben die Boxer-Motoren noch längst nicht ausgedient, aber die Forderung nach mehr Leistung und geringeren Abgasen fordern neue Wege. Und die werden bei BMW gefunden. Der längs angeordnete Reihenmotor wird liegend eingebaut. Die Kurbelwelle rückt nach rechts und treibt mittels einer gegenläufigen Antriebswelle das direkt angeblockte Getriebe und die dahintergeschaltete Kardanwelle an. Die K100 erscheint 1983 mit modernem Gitterrohr-Brückenrahmen und Monolever-Hinterradschwinge. Der Vierzylinder mit 987 ccm Hubraum leistet 90 PS. Die K100 entwickelt sich zum Verkaufsschlager: Die ständig weiter verbesserten Modelle werden bis 1991 über 90 000 mal gebaut, davon die Hälfte allein von der Sport-Tourer K100RS.

Die K1 schließlich, die ab 1989 angeboten wird, ist eine weiterentwickelte Variante der K100 mit Vierventil-Technik und digitaler Motor-Elektronic, Paralever-Hinterradschwinge und Vierkolben-Bremssätteln.

50 Jahre BMW-Motorräder, ein imposanter Weg von der Helios zur K1.

Das BMW-Spitzenmodell ab 1989: K1 mit 987 ccm, 100 PS und über 230 km/h Spitze

# Des Knaben Wunsch

Während die Weltöffentlichkeit Anteil an einer ungewöhnlichen Automoilfernfahrt nimmt, die in Peking gestartet wird und deren Ziel Paris ist, gründet in Zschopau/Erzgebirge der Däne Rasmussen in einer alten Weberei einen neuen Betrieb für Armaturen.

Für die Heeresleitung entwickelt Rasmussen 1916 einen Dampfkraft-Wagen, aber nach Kriegsende wird die Entwicklung nicht weiter verfolgt und es bleibt bei einigen Prototypen.

1919 kommt der Berliner Ingenieur Ruppe zu Rasmussen, der Pläne zur Fertigung eines 30-ccm-Spielzeug-Zweitakters offeriert. Rasmussen ist begeistert und noch im gleichen Jahr wird das Ding auf der Leipziger Messe ausgestellt. Es bekommt die Bezeichnung DKW (Des Knaben Wunsch).

Der erste größere Erfolg gelingt 1920 mit einem vergrößerten Zweitakter, der liegend

DKW von 1925 mit 206-ccm-Motor, Keilriemenantrieb und Gebläsekühlung

DKW Lomos, ein rollerähnliches "Sesselkraftrad", das 1922 mit 142 ccm-Motor und 1,5 PS erscheint.

Als ab 1. April 1928 alle Motorräder bis 200 ccm steuerfrei sind, ist DKW mit der E 200 (4 PS, später 4,5 PS) als einzige Firma sofort mit einer 200er lieferfähig!

DKW von 1928 mit wassergekühltem 2-Zylinder-Zweitaktmotor (15 PS)

DKW SB 200 von 1934 mit 7-PS-Motor

auf das Hinterrad eines normalen Fahrrades montiert werden kann. Der Volksmund hat dafür gleich die Bezeichnung "Arschwärmer" parat. 1921 startet ein solches Fahrzeug beim Avus-Rennen und DKW heißt jetzt "Das Kleine Wunder". 1922 sind bereits 25.000 DKW-Motoren verkauft. Der Motor wird jetzt so konzipiert, daß er in das Rahmendreieck eingebaut werden kann.

Die Kleinkrafträder, so heißen sie jetzt, nehmen wieder erfolgreich an Avus-Rennen teil. 1922 kommt Dr. Hahn nach Zschopau und übernimmt die Position des Chefkonstrukteurs. 1925 wird ein neues Verwaltungsgebäude in Betrieb genommen und das 50.000 DKW-Motorrad verläßt das Werk, das inzwischen mehr als 1.000 Beschäftigte zählt. Im gleichen Jahr beginnt auch die Fließbandmontage und ein Jahr später kann sogar schon das 80.000 DKW Motorrad gefeiert werden.

Ochsen am Spieß werden gebraten, als es 1926 zum ersten großen DKW-Händlerkongreß in Zschopau kommt. 1927 erscheint die erste DKW-Zweizylinder-Rennmaschine mit 500 ccm sowie der erste DKW-Wagen mit 500/600 ccm. 1929 - Opel verkauft gerade an General Motors - kann DKW auf ein solzes Superlativ verweisen: Größte Motorradfabrik der Welt - neun Jahre nach Beginn!

Anfang der dreißiger Jahre, die Weltwirtschaftskrise erreicht den Höhepunkt, geraten auch die bis dahin sehr gesunden sächsischen Automobil- und Motorradfabriken in Not und unter der Leitung von Dr. Bruhn schließen sich die vier Firmen Wanderer, Horch, Audi und DKW zur Auto-Union zusammen. Zunächst fällt es noch schwer, die jetzt 20.000 Mitarbeiter zu beschäftigen, aber mit dem politischen Umschwung 1933/34 profitiert auch der neue Konzern vom Aufschwung der deutschen Motorisierung. Neue Modelle werden entwickelt und lassen sich gut absetzen. Kurz vor Kriegsausbruch, 1939, beginnt noch der Serienlauf der RT 125. Während des Krieges wird die Wehrmacht mit großen Stückzahlen der NZ 350 beliefert.

Nach Kriegsende sind die sächsischen Betriebe zerschlagen. Was noch übriggeblieben ist, wird demontiert. In der ehemaligen

DKW SB 500 von 1938, 15 PS, Zweizylinder mit Elektrostarter und Doppelscheinwerfer

Einzylinder-Zweitakt-DKW RT 250 (1952-54). Mit 11,5 PS erreicht die RT 250 eine Spitzengeschwindigkeit von 100 km/h, verbraucht 2,8 l und kostet 1725 DM.

Mit der systematischen Entwicklung der Schnürle-Umkehrspülung schafft DKW die Voraussetzung für den Flachkolben-Zweitaktmotor, der durch Leistung, Wirtschaftlichkeit und Unempfindlichkeit zum Vorbild in allen zweitaktbauenden Ländern wird. Kein Motorrad ist so oft (vor allem im Ausland) kopiert worden wie die DKW RT 125. Diese Maschine, die zunächst bereits 1939 in Serie ging, wird nach dem Krieg von 1949 bis 1956 gebaut. Diese Aufnahme entstand 1956 auf der IFMA.

Von 1952 bis 1954 ist die RT 250 bei DKW im Programm. Mit zunächst 12 PS erreicht sie 105 km/h Spitze, ist mit Drei-, später auch mir Vierganggetriebe lieferbar und - damals sehr wichtig - beiwagenfest.

DKW RT 200 (1951-55) 9,2 PS und 90 km/h Spitze

DDR bildet sich der "Volkseigener Betrieb IFA", woraus später das "Motorradwerk Zschopau MZ" wird.

Auf der anderen Seite der "Zonengrenze" sammeln sich ehemalige Mitarbeiter um Dr. Hahn und Dr. Bruhn und einem Neubeginn 1949 in Ingolstadt steht nichts mehr im Wege. Zunächst wird die RT 125 wieder gebaut, von der 1950 bereits 10.000 gefertigt sind. Weil Zschopauer Spezialisten von den Besatzungsmächten "dienstverpflichtet" werden, wird die RT 125 Anfang der fünfziger Jahre in aller Welt kopiert. Die RT 175, die laut DKW-Werbung "mit ihrer in sich geschlossenen Bauart die neue klassische DKW-Linie" verkörpert, gewinnt 1954 in ihrer Klasse die deutsche Moto-Cross-Meisterschaft.

Außer durch den stärkeren Motor, unterscheidet sich die RT 200 von dem kleineren Bruder kaum und die RT 250, die es mit drei oder vier Gängen gibt, ist leistungsstark genug, um mit Beiwagen gefahren zu werden.

Um neue Käufer zu locken, werden 1953/54 bei fast allen Motorradfabriken Ratenzahlungen angeboten, was sich bei der Werbung von DKW so liest: "Sie brauchen also nicht erst lange zu sparen, sondern können morgen schon glücklicher Besitzer einer eigenen DKW RT 200 oder 250 sein. Eine geringe Anzahlung genügt. Rest bis zu 18 Monatsraten".

1955 haben viele deutsche Motorradhersteller wegen des Kleinwagenbooms schon ihre Absatzschwierigkeiten oder sind bereits vom Markt verschwunden. Die DKW RT 175 jedoch ist das meistgekaufte deutsche Motorrad. 1956 kommen die VS-Modelle und erregen die Aufmerksamkeit aller Motorradfans: Die Armaturenanlage sieht fast wie ein kleines Cockpit aus, die Scheinwerfer sind verkleidet und die vordere Gabel ist mit geschobener, federbeinabgestützter Schwinge ausgerüstet.

1958 wird die Motorradfertigung an die Zweiradunion Nürnberg abgetreten und eine gemeinsame Entwicklung mit den Marken Victoria und Express beginnt. Dr. Carl Hahn, der engagierte Verfechter des Zweitaktmotors, stirbt 1961 und 1966 erfolgt der Zusammenschluß innerhalb der Sachs-Gruppe mit den Nürberger Hercules-Werken.

Die neuen VS-Maschinen werden 1956 auf der IFMA präsentiert. Das Spitzenmodell RT 250 VS erreicht mit 15,1 PS eine Geschwindigkeit von 116 km/h und kostet 1815 DM.

# Die Spandauer Springböcke

In den Spandauer Industriewerken (Berlin), einer staatlichen Waffen- und Munitionsfabrik, wird zwischen 1921 und 1923 auch ein Motorrad hergestellt: Die 393-ccm-Maschine "Star", mit seitengesteuertem Boxer-Zweizylindermotor. Trotz verschiedener Verbesserungen hält die Star nicht, was ihr Name verspricht. Aber 1926 ist es so weit: Ein Star ist geboren, der sich schlicht "D-Rad" nennt. Die im Volksmund als "Spandauer Springböcke" bezeichneten D-Räder entwickeln sich bald zum erfolgreichsten deutschen Viertakt-Einzylindermotorrad. Die schwere und robuste 498-ccm-Blockmaschine mit Doppelschleifenrahmen,

Das 1926 wesentlich verbesserte D-Rad mit eigenem 496-ccm-Blockmotor und Blattfedergabel

Respektlos als "Spandauer Springböcke" werden die ersten D-Räder bezeichnet, die mit einem seitengesteuerten 393-ccm-Boxer-Zweizylindermotor (Flat Twin) ausgestattet sind.

Blattfedergabel und seitengesteuerten Ventilen präsentiert sich mit ungewöhnlichem Äußeren und kommt gut an. Außerdem sorgen Rennerfolge für Popularität. Ende der zwanziger Jahre zwingt die beginnende Wirtschaftskrise zur Herabsetzung der gerade so gut angelaufenen Produktion. 1930 kommt noch eine 198er Zweitaktmaschine mit einem Einzylindermotor auf den Markt, aber der Zusammenschluß mit NSU, der die Springböcke erhalten soll, wird aus wirtschaftlichen Gründen unvermeidbar. Neue D-Räder werden bei NSU allerdings nicht mehr hergestellt. Man beschränkt sich auf die Produktion von Maschinen aus existierenden Teilen. 1933 schließlich ist die kurze, aber erfolgreiche Karriere der D-Räder beendet.

# Zwischen Frühstück und Abendbrot

Bei Dürkopp haben wir es mit einer Firma zu tun, die bereits seit 120 Jahren besteht und die unterschiedlichsten Staatsformen, zwei Weltkriege und schwere Weltwirtschaftskrisen überdauert hat. Der gelernte Kunstschlosser Nikolaus Dürkopp gründet 1867 eine Nähmaschinenfabrik in Bielefeld. 1885 werden die ersten Farräder und noch vor der Jahrhundertwende, 1899, Motoren eingebaut. 1907 wird die Motorradherstellung zugunsten des Automobils vorübergehend eingestellt. In den dreißiger Jahren wird die Motorradfertigung wieder aufgegriffen, jetzt allerdings mit Einbaumotoren. In den Jahren vor dem Zweiten Weltkrieg wird bei Dürkopp wieder ein eigener Motor entwickelt, die Serienfertigung jedoch versagt.

Nach dem Krieg beginnt die Motorradfertigung abermals unter Verwendung von Einbaumotoren. Nebenher läuft die Entwicklung eigener Motoren. 1950 kommt die M 100 mit Fichtel & Sachs-Motor auf deutsche Straßen und auch die M 125 hat noch

Bei Dürkopp wird die tausendste MD 150 gefeiert

Dürkopp nachts auf deutschen Straßen

Dürkopp M 100 (1950-52) mit 2,75 und 60 km/h Spitze. Der Preis: 690 DM.

Dürkopp MD 150 mit eigenem Einzylinder-Zweitaktmotor, 7,5 PS und 90 km/h Spitze

Dürkopp MD 150

einen Einbaumotor, Marke Ilo. 1951 beginnt allerdings schon die Reihe der Einzylinder-Zweitaktmotoren aus eigenem Hause. Die Dürkopp MD 150 sorgt für Aufsehen. Sie ist das schnellste Fahrzeug ihrer Klasse und "Das Motorrad" berichtet im Fazit eines Tests: "Die neue Dürkopp ist ein Fortschritt. Sie ist zäh genug für den Berufsverkehr. Sie ist leicht genug, um zum Briefkasten zu fahren und Brot zu holen. Sie ist schnell genug, um zwischen Frühstück und Abendbrot, auch mit Sozius, eine tüchtige Überlandtour zu machen. Sie ist schnell und spritzig genug, um auch dem Sportfahrer alle Erfolgschancen zu bieten. Und sie ist sparsam."

Die Dürkopp MD 200 wird 1952 mit großer Zustimmung der Fachwelt empfangen. Gelobt wird besonders, daß Fahrwerk und Motor größtenteils aus Eigenarbeit bestehen und nur wenig Konfektion verwendet wird. Die Maschine gilt als sehr leise; das Auspuffrohr ist gut gedämpft. Einzylinder-Zweitaktmotor mit 10,2 PS und 96 km/h Spitze.

Mitte der fünfziger Jahre kommt über die Muttergesellschaft Barthel-Konzern die Fusion mit Ardie zustande und 1960 wird bei Dürkopp die Motorradherstellung aufgegeben. Heute ist Dürkopp - noch immer mitten in Bielefeld gelegen - ein bedeutendes Unternehmen für Spezialnähmaschinen, Nähautomaten und Nähanlagen und hat sich im Bereich der Fördertechnik einen guten Ruf erworben.

Dürkopp MD 176 mit 10,5 PS und 100 km/h Spitze

Dürkopp MD 201 (1956-58) mit 12 PS und 105 km/h Spitze. Der Preis: 1575 DM.

# Eine der ersten

Die 1882 in Neumarkt bei Nürnberg gegründeten Expreß-Werke gehören nicht nur zu den ältesten Fahrradwerken, sie gehören auch zu den ersten deutschen Motorradherstellern, als sie 1903 den Motorradbau mit Motoren der Aachener Fafnir-Werke beginnen. Und während sich 1904 in Frankreich die Fahrer der zweiten Tour de France gegenseitig mit Juckpulver und Abführmitteln traktieren, gibt Expreß ein Rennmodell mit V-Zweizylindermotor heraus. Mitte der dreißiger Jahre werden Fahrräder mit Ilo- und Fichtel & Sachs-Hilfsmotoren gebaut und 1949 kommen größere Zweitaktmaschinen auf den Markt, die un-

Radex 150 mit 6,5 PS und 75 km/h Spitze

Filmstars werben für die Radex 255 (1955-58) mit Ilo Zweizylinder-Zweitaktmotor, 15 PS und 115 km/h Spitze. Der Preis der Radex 255: 2110 DM.

ter dem Namen Radex große Popularität erringen.

Die Radex-Palette ist vielfältig. Es werden Motorräder mit Einbaumotoren von Fichtel & Sachs und Ilo von 98 bis 246 ccm in allen Varianten angeboten.

Nach den Krisenjahren in der Mitte der fünfziger Jahre werden 1958 bei Expreß nur noch zwei Modelle gebaut: Die Radex 255 mit dem 246-ccm-Ilo-Motor und die Radex 102. Im gleichen Jahr verliert die traditionsreiche Firma Expreß, die in den fünfziger Jahren die deutsche Motorradszene stark bereicherte, ihre Eigenständigkeit. Expreß wird der neugegründeten Zweirad Union AG angeschlossen, wo sie sich allerdings in guter Gesellschaft weiß: DKW und Victoria sind mit dabei.

Die Radex 102 kommt 1956 auf den Markt mit Fichtel & Sachs-Einzylinder-Zweitaktmotor, 5,2 PS, 80 km/h Spitze und kostet 998 DM.

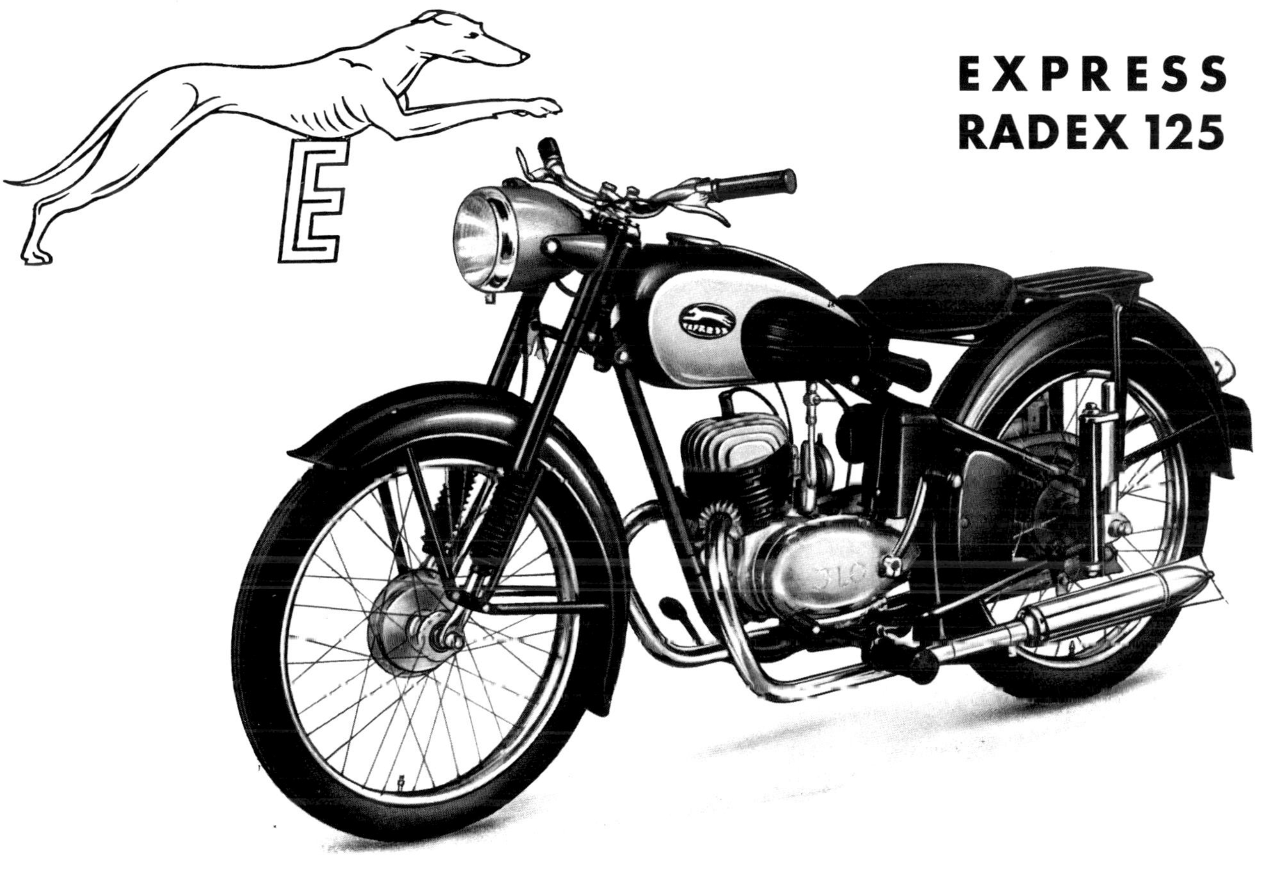


Radex 125 (1949-55) mit Ilo Einzylinder-Zweitakt-Motor, 6 PS, 75 km/h Spitze

# "Bestes Motorzweirad der Welt!"

Bei den eigenen Werbeanzeigen kommen die Produkte der Gritzner-Kaiser AG in Karlsruhe-Durlach besonders gut weg: "Bestes Motorzweirad der Welt!" heißt es in einem Inserat 1903 in der "Badischen Presse" und fünfzig Jahre später in "Das Motorrad": "Schön wie gemalt, eine Maschine aus einem Guß mit einer reichen, beinahe luxuriösen Ausstattung wie kaum eine zweite ihrer Klasse." Wie bei so vielen Motorradfabrikanten beginnt die Firmengeschichte mit Nähmaschinen- und Fahrradbau. Motorräder baut Gritzner bereits 1903 mit Fafnir-Motoren. Die 1953 auf den Markt kommenden Einzylinder-Zweitaktmaschinen mit Motoren von Fichtel & Sachs gibt es mit 98, 147 und 174 ccm Hubraum.

Zu Beginn der sechziger Jahre machen die "Monza"- und "Milano"-Mopeds von sich reden, Motorräder werden zu diesem Zeitpunkt bei Gritzner nicht mehr gebaut.

Deutschlands zur Zeit ältestes Veteranenmotorrad, das ständig zugelassen ist: Gritzner von 1903

# So stark wie Hercules

In Nürnberg ist man mit Recht stolz darauf, zwei Superlative für sich in Anspruch nehmen zu können: Die Hercules-Werke sind nicht nur die größten deutschen Zweiradhersteller, sie gehören auch zu den ältesten noch produzierenden Zweiradunternehmen der Welt.

Am 1. April 1886 gründet Carl Marschütz seine Velozipedfabrik und produziert im ersten Jahr seiner Selbständigkeit mit etwa 10 Beschäftigten 120 Hochräder. Zwei Jahre später müssen schon größere Fertigungsräume her und weil die Marschütz-Räder so stark und zuverlässig sind wie der Sagenheld Hercules, ist der Firmenname schnell gefunden.

Zu Kaiser Wilhelms II. Zeiten beginnt 1904 der Motorradbau und die Lastwagen-Produktion, die bis 1926 anhält. Ab 1930 bis 1938 werden Dreiradautos gebaut und 1928 setzt wieder die durch den Ersten Weltkrieg unterbrochene Motorradherstellung ein. Eigene Motoren entwickelt Hercules nicht, es werden bewährte JAP-, Villiers-, Mooser-, Barck-, Ilo- und Sachs-Motoren eingebaut, während sich Hercules ganz der Entwicklung hervorragender Fahrwerke widmet.

Noch vor dem Zweiten Weltkrieg beschäftigt Hercules ca. 450 Mitarbeiter, und die Nürnberger Firma gilt als angesehenes Unternehmen, dessen Erzeugnisse sehr geschätzt sind. Für die jüdische Familie Marschütz wird diese Bilanz durch das Hitler-Regime zerstört, eine Auswanderung in die USA führt Marschütz nach Californien, von wo aus er den weiteren Weg seines Werkes verfolgt. 1957 stirbt der Gründer der Hercules-Werke und die Urne wird seinem Wunsch entsprechend in der fränkischen Zweiradmetropole Nürnberg beigesetzt.

Hercules 314 (1951-52), Ilo Einzylinder-Zweitaktmaschine, 7,65 PS, 85 km/h Spitze

Hercules 315 (1952), 11,4 PS, 105 km/h Spitze

Hercules 321 (1953-56), 9 PS, 93 km/h Spitze

Der Zweite Weltkrieg zerstört auch die Hercules-Werke, aber mit harter Arbeit beginnt am 2. Mai 1945 der Wiederaufbau mit 30 Beschäftigten. Die ersten Nachkriegsmotorräder sind 1950 serienreif und 1956 liegt das Werk an dritter Stelle der Zulassungsstatistik. Nach der Aufgabe vieler Motorradfabriken liegt Hercules 1962 auf Platz eins. Besonders Mofas, Mopeds, Kleinkrafträder, Roller und Motorräder bis 250 ccm werden in der Branche zum Begriff. Das alte Werk wird erneut zu klein und der neue Besitzer, Fichtel & Sachs, schafft Abhilfe mit dem Kauf der Zweirad-Union. 1966 zieht Hercules mit allen Beschäftigten und dem gesamten Maschinenpark in die Nopitschstraße 70. Hercules übernimmt die Gesamtproduktion der Zweirad-Union mit den Marken Victoria, Expreß und DKW.

Die neue Geschäftsleitung führt die alte Hercules-Tradition weiter. "Richtige" Motorräder werden jetzt zwar nicht mehr gebaut, aber im Bereich Fahrrad, Moped und dergleichen liegen die Nürnberger gut im Rennen.

Hercules 317 (1952) mit Ilo Einzylinder-Zweitaktmotor, 11 PS, 94,80 km/h Spitze

Hercules 320 (1953-56) mit Fichtel & Sachs-Zweitaktmotor, 11 PS, 94,8 km/h Spitze

Hercules 313 (1951-53) mit Fichtel & Sachs Einzylinder-Zweitaktmotor, 6 PS, 85 km/h Spitze

# Von der Vespa zur Gouverneur

Bei Hoffmann haben wir es mit einem Motorradfabrikanten zu tun, der zu den Wenigen zählt, die vor dem Zweiten Weltkrieg nicht schon in der Zweiradproduktion tätig waren. Der gelernte Bankkaufmann hatte schon viel unternommen, bevor er auf einem ehemaligen Mannesmann-Grundstück in Lintorf bei Düsseldorf 1949 eine eigene Motorradproduktion aufbaut. Mit dem Lizenzbau des italienischen Vespa-Rollers kommt Hoffmann gut ins Geschäft.

Aber auch die Motorräder erzielen akzeptable Verkaufsergebnisse. Sein erstes Modell, die HWL 125, ist zwar nur vorne mit Teleskopfederung ausgestattet, das aber bereits seit 1949 und sogar aus eigener Fertigung.

Leichtsinnig geworden vom anfänglichen Erfolg versucht Hoffmann 1954 einen eigenen 246-ccm-Zweizylinder-Viertaktmotor für seine Gouverneur duchzusetzen. Der außergewöhnliche ohv-Blockmotor, als Boxer in Querstellung, sieht dem BMW-Zweizylindermotor ähnlich und wird in die S300 mit 298 ccm eingebaut. Die Entwicklungskosten können von den gängigen Maschinen und dem Vespa-Roller nicht mehr aufgefangen werden. Hoffmann gibt 1954 auf.

Auszug aus einem Werbeprospekt:
"Mit dieser Eigenkonstruktion schenkten die Hoffmann-Werke dem Weltfahrzeugmarkt eine Maschine, die seit ihrem Erscheinen zum Wunschtraum eines jeden Motorsportlers geworden ist. Eleganz und Linienführung sind in der Hoffmann-Gouverneur zu einer Vollendung herangereift, die ihresgleichen sucht. Wer das Außergewöhnliche an einem Motorrad liebt, wählt daher aus Überzeugung die Gouverneur."

Hoffmann S 300 (1954), nicht nur der Motor ist von Hoffmann, auch Teleskopgabel, Teleskop-Hinterradfederung und die Leichtmetall-Bremsnabe stammen aus eigener Fertigung. Zweizylinder-Viertaktmotor, 17 PS, 118 km/h Spitze, Preis: 2475 DM.

# Aus Homburg und Rex

Horex Regina 250 mit Sonderlackierung, Einzylinder-Viertaktmotor, 19,4 PS, 130 km/h Spitze

Der Einweckglas-Fabrikant Fritz Kleemann übernimmt 1920 die Columbus-Motorenwerke in Oberursel. Hier werden Flugzeugmotoren hergestellt. Die erste Horex erscheint 1923, die GNOM, ein Fahrrad mit Hilfsmotor, im Volksmund auch "Geht Nicht Ohne Mittreten" genannt. 1932 bringt Kleemann den ersten Parallel-Twin mit 600 und 800 ccm auf den Markt, der in dieser Art nach 1947 als englische Schule weltbekannt wird.

Die legendäre "Regina", das später meistgebaute 350-ccm-Motorrad, ist Kleemanns erste Nachkriegsmaschine, der den Namen Horex übrigens aus Ho, wie Homburg und Rex, dem Namen der von ihm aufgebauten Einweckfirma, zusammensetzt. Die Regina erscheint erstmalig 1950 als Serienmotorrad. 1952 werden jeden Monat 1700 Reginas von 550 Mitarbeitern produziert. 1953 wird die Regina auch mit 248 und 399 ccm angeboten. Gleichzeitig kommt eine verbesserte 350er auf den Markt. Die 250er wird ursprünglich für den schweizerischen Markt geschaffen, weil es dort nur die Steuerklassen bis 250 ccm und bis 500 ccm gibt.

Die Horex-Regina 250 kommt 1953 auf den Markt und ist serienmäßig mit verchromtem 18-Liter-Tank, Leichtmetallfelgen, verstellbaren Fußrasten, abnehmbarem Gepäckträger, klappbarem Hinterradschutzblech und eingebautem Sicherheitsschloß ausgestattet.

Horex Regina

Horex Regina 350, Einzylinder-Viertaktmotor, 19,4 PS, 126 km/h Spitze

Die Resident wird bis 1959 gebaut, kann aber die enorme Popularität der Regina nicht mehr erreichen, weil die Motorradkrise auch bei der so berühmten Marke keine Gnade kennt und Kleemann zwingt, sein Werk an Daimler-Benz abzutreten.

Die hervorragenden Horex-Maschinen nehmen heute bei den Veteranenfreunden einen hohen Stellenwert ein.

Präsentiert auf der IFMA 1956: Horex Regina stromlinienverkleidet.

# Der sonore Klang

Um 1924 entstehen die ersten Motorräder der Marke Imperia in Köln. Eine kurzlebige Angelegenheit, denn ihr Hersteller hat aufgrund seiner starken sportlichen Aktivitäten seine finanziellen Mittel mehr als ausgeschöpft. Ein Ingenieur namens Rolf Schrödter erwirbt die angeschlagene Firma und nimmt eine Neugründung in Bad Godesberg vor. Eigentlich will er sich auf ein reines Ein-Typen-Programm konzentrieren, doch die Beliebtheit seiner Imperia Sport 500 spornt zu weiteren Taten an. Die Imperia vom Typ Rheingold stellt das Modell 500 zwar in den Schatten, doch in Zeiten der Weltwirtschaftskrise finden nur wenig Käufer an Motorrädern dieser Art Gefallen. Zurück zur beliebten 500er. Als Antriebsaggregat hat sich Schrödter für den 22 PS starken Schweizer MAG-Motor entschieden. Ein Einzylinder mit Doppelauspuff, der damals als einer der leistungsfähigsten Einbaumotoren gilt. Geschmiert wird per Doppel-Frischölpumpe, die überschüssiges Öl - man mag es gar nicht sagen - einfach auf die Straße befördert. Ende 1928 führt man den Satteltank mit eingelassenem Tachometer ein. Auf Wunsch gibt es sogar einen Werkzeugkasten und anstelle der Wulstreifen auch Drahtreifen. Der sonore Klang des Motors und sein bulliges Drehmoment, das butterweiche Schalten des Getriebes per Tankschalthebel, die gute Straßenlage dank des soliden Doppelrohrrahmens machen das Fahren mit dieser Maschine zum Vergnügen. Trotzdem, die Marke Imperia kann sich nur bis 1935 halten: Schrödter kommt mit der politischen Situation nach 1933 in Konflikt - die Einfuhr ausländischer Teile wird vom Nazi-Regime untersagt.

Imperia Sport 500, ohv-Einzylinder mit MAG-Doppelauspuffmotor

# Zu den besten der Welt

Maico M 175 S, Einzylinder-Zweitaktmotorrad mit 9,5 PS und 94 km/h Spitze

Als Maico am 10. Mai 1983 den Konkurs beantragt, ist dies nicht nur für die Pfäffinger Firma eine Pleite, die gesamte Motorradindustrie, insbesondere natürlich die deutsche, ist betroffen. Die schwäbische Motorradfabrik hat - symbolisch für den europäischen Markt - eine Schlacht gegen die übermächtige, mit unvergleichlich hohem Kapital ausgestattete japanische Konkurrenz verloren.

Die Maisch-Brüder beginnen 1926 mit dem Motorradbau und bereichern den deutschen Markt mit Kleinkrafträdern, deren Motoren von Ilo stammen.

Maicos erfolgreicher Aufstieg kommt in Gang, als die erste Nachkriegsmaschine, die M 125, im Jahr 1948 serienreif wird. Der eigene 123-ccm-Einzylinder-Zweitaktmotor mit Umkehrspülung und Flachkolben bewährt sich. Die Folgemaschine, die M 126, erscheint 1951. 1952 erscheint der erste Maico-Roller auf der Bildfläche, das Maico-Mobil. Ihm folgen später noch weitere Varianten.

Die Fanal von 1953 ist erstmals mit einem Viergang-Getriebe versehen und erreicht stolze 9,2 PS, mit denen man immerhin 94 km/h zurücklegen kann. Die M 200, mit einem Einzylinder-Zweitaktmotor ausgestattet, wird 1953 vorgestellt. Die neue 175er Klasse beginnt 1954 mit der M 175 S, der die M 175 T und die Passat 175 noch im gleichen Jahr folgen. Die elegante Taifun mit der aufwendigen Verkleidung ist ab 1953 mit 348 ccm und ab 1954 mit 395 ccm zu erwerben.

Die Blizzard wird von 1955 bis 1964 gebaut und erregt bei der Vorstellung großes Interesse. Text eines Werbeprospekts zur Blizzard: "Maico-Fahrer sind stolz darauf, eine der modernsten und rassigsten Maschinen zu fahren. Sie freuen sich an der überlegenen Leistung und Schönheit. Moto-Cross-Spezialisten rühmen die Beschleunigung und Bergtüchtigkeit, die hohe Spitzengeschwingkeit und die guten Fahreigenschaften, also all das, was eine gute Maschine erst ausmacht."

In den siebziger Jahren gibt es bei Maico 50 ccm und 250 ccm Straßenmaschinen und Moto-Cross-Modelle bis 500 ccm. Urteil des renommierten Motorradjournalisten Erwin Tragatsch über Maico: "Man hat bei Maico immer wieder weiterentwickelt und Zweitakter geschaffen, die zu den besten der Welt gehören."

Maico M 200 S, Einzylinder-Zweitaktmotorrad mit 11 PS und 100 km/h Spitze

Maico Taifun, Zweizylinder-Zweitaktmotorrad, lieferbar als 350er oder 400er. Die 400er erreicht mit 22,5 PS eine Spitzengeschwindigkeit von 130 km/h und ist die schnellste Maico.

Maico Blizzard 260 S II (1955-64), Einzylinder-Zweitaktmotorrad mit 14 PS und 110 km/h Spitze

# Das Rassepferd

Motorräder baut die in Nürnberg-Doos ansässige Mars-Werke AG bereits seit 1903. Für den Antrieb verwendet man Fremdaggregate - meist Motoren von Zedel aus der Schweiz oder deutsche Fafnir-Motoren. Nach dem Ersten Weltkrieg allerdings sorgt Mars plötzlich mit etwas ganz Besonderem für Gesprächsstoff: Man präsentiert 1920 ein Motorrad, das unter der Bezeichnung "Die weiße Mars" Zweiradgeschichte schreiben wird. Eine ungewöhnliche Maschine - fast meint man, sie käme von einem anderen Stern. Warum "Weiße Mars"? Nun, ihr Kastenrahmen (eine für ein Motorrad ungewöhnliche Konstruktion) aus geschweißtem Stahlblech wird fast ausnahmslos weiß emailliert, gelegentlich auch rot oder grün. Das breite Beinschutzschild geht elegant in Fußstützen über. Doch die eigentliche Besonderheit dieser gewöhnungsbedürftigen formschönen Maschine ist ihr Antriebsaggregat. Konstrukteur Franzenbergs Wahl fällt auf einen luftgekühlten Zweizylinder von Maybach. Dieser seitengesteuerte Boxermotor wird in Fahrtrichtung eingebaut und läßt sich mittels einer kleinen Handkurbel anlassen. Aus seinem Hubvolumen von 956 ccm (Bohrung X Hub: 80/95 mm) schöpft er 7,3 PS Leistung - genug für die Höchstgeschwindigkeit von etwa 80 km/h. Anfangs liefert man die Mars mit einem Zweigang- später mit einem Vierganggetriebe. Die weiße Mars bleibt bis 1926 in Produktion, obwohl die Firma bereits 1924 nach wirtschaftlichen Mißerfolgen von Johann und Karl Müller übernommen wird. Zwar hält man bis 1957 am Motorradbau fest, doch weitere außergewöhnliche Konstruktionen wie dieses "Rassepferd" gelingen Mars nicht mehr.

Mars M.A. 20 von 1920 mit Seitenwagen

# Tritt in die Speichen

Kenner halten sie für das wohl ungewöhnlichste deutsche Motorrad schlechthin. Wie recht sie haben, denn die Megola, die knapp zweitausend mal gebaut wurde, zählt heute zu den begehrtesten Stücken überhaupt. Dabei war die Idee, einen Motor in die Radnabe zu verlegen, genau genommen gar nicht neu. Bereits 1892 experimentieren findige Franzosen mit dieser Antriebsart. Doch erst 1919 greift ein "Dreierteam" aus München diese Idee wieder auf. Was dabei heraus kommt, ist ein völlig unübliches Gefährt. Megola nennt sich dieses Motorrad - ein Markenname, der von den Anfangsbuchstaben ihrer Erbauer abgeleitet wird: Meixner, Gockerell und Landgraf. Beim ersten Versuchsmodell von 1919 platzieren die Tüftler einen dreizylindrigen Sternmotor im Hinterrad.

Doch in der Serie sieht alles ganz anders aus: Man hat es tatsächlich geschafft, fünf Zylinder im Vorderrad unterzubringen. Und es gibt weder Kupplung noch Getriebe! Gestartet wird entweder mit einem kräftigen "Tritt" in die Speichen oder - das ist die elegantere Lösung - man läßt sich einfach anschieben. Wie sich ein getriebeloses Motorrad wohl fahren ließ? Sicherlich bequem. Man muß nicht schalten, kann auf einem klubsesselartigen Sattel Platz nehmen und wenn man alten Testberichten trauen darf, besitzt die Megola aufgrund des tiefen Schwerpunkts sogar eine ausgezeichnete Straßenlage.

Megola von 1922

Tank und Werkzeugbehälter integriert man mit ins Fahrgestell. Durch die Verwendung von Steckschläuchen lassen sich die Zylinder zwischen den Voderradspeichen ohne Raddemontage schnell auswechseln und - auch das ist ein Kuriosum früher Motorradgeschichte - die besonders extrem beanspruchte Vordergabel wird über ein hydraulisches System abgefedert.

Bereits 1925 ist Schluß mit dieser rassigen wie außergewöhnlichen Konstruktion: Megola schließt seinen Betrieb.

Fünf Zylinder im Vorderrad (Megola 1922)

# Wie ein Wunder

Mitte der fünfziger Jahre geraten die meisten der in der Nachkriegszeit so hoffnungsvoll gestarteten Motorradhersteller in wirtschaftliche Not. Der Absatz geht rapide zurück. Etliche geben auf. Einige müssen Konkurs anmelden. Der Grund: Die Deutschen sind anspruchsvoller geworden. Das Motorrad, jahrelang preisgünstiger Beförderer, genügt nicht mehr. Ein Auto muß her, schließlich kann man es sich erlauben.

Und so erscheint es wie ein Wunder, daß sich Mitte der sechziger Jahre plötzlich eine neue Motorradfirma auf den Markt wagt. Und sie steigt gleich gewaltig ein, zumindest was die Ausmaße und den Hubraum betrifft: Münch-Mammut mit einem vierzylindrigen 996-ccm-NSU-Automotor zum Preis von 6500 DM (1966).

Weil es früher bereits eine Motorradmarke "Mammut" gab, zieht Münch diese Bezeichnung zurück und nennt seine 1970 erscheinende Version Münch-4 TTS. Diese wird mit 1197-ccm-Motor und 88 PS geliefert und erreicht eine Höchstgeschwindigkeit von 220 km/h. Der Preis: 9273 DM.

Die Münch, von KFZ-Meister Friedel Münch aus Niederflorstadt (Hessen) konstruiert, zielt natürlich auf eine neue Käuferschicht: Auf die Sportfahrer, die sich neben ihrem Auto noch eine aufwendige Maschine zum Spaß erlauben können und wollen. Außerdem wird ein Großteil der Produktion in die USA geliefert. 1976 zieht sich Münch aus seinem Betrieb zurück, seine Maschine wird allerdings noch bis zum Ende dieses Jahrzehnts gebaut.

# Alle 20 Minuten ein Motorrad

Christian Schmidt gründet 1880 eine Strickmaschinenfabrik, die zunächst gut anläuft. 1885 stockt der Absatz und Schmidt sucht ein neues, verkaufsträchtiges Produkt für seinen Betrieb. Er wählt 1886 das Fahrrad und der entscheidende Schritt für eine jahrzehntelange Firmengeschichte ist getan. Der Firmenname wird 1892 geboren: NSU ist aus der Firmenstadt Neckarsulm entliehen.

Die ersten Motorräder werden bei NSU 1901 gebaut, 1906 beginnt die Automobilproduktion. Schlechte Zeiten fangen mit Ausbruch des Krieges, wie bei fast allen Firmen, 1914 an und der richtige Aufschwung ist erst 1922 erreicht. Man berichtet stolz von hohen Produktionsziffern und errechnet, daß alle fünf Minuten ein Fahrrad und alle 20 Minuten ein Motorrad fertiggestellt wird.

Neckarsulmer Motorrad von 1903 mit 3,5 PS-Einzylinder-Viertaktmotor, Riemenantrieb und einer Höchstgeschwindigkeit von 60 km/h.

"Neckarsulmer Spezial-Rennmaschine" von 1909 mit Zweizylinder-Viertaktmaschine, 1000 ccm, 7,5 PS und 124 km/h Spitze. Auf dieser Maschine fuhr Otto Lingenfelder Weltrekord in den USA.

NSU "Leichter Einzylinder" von 1912 mit 1,5 PS und 189 ccm Hubraum

NSU-Zweizylinder von 1925

NSU 501 T von 1927, seitengesteuert, Wulstreifen, 10 PS, 497-ccm-Einzylinder

NSU 500er-Sportmodell von 1927

Bei den aufwendig ausgestatteten Maschinen der zwanziger Jahre ist der Sattel aus echtem Leder

NSU 200-ccm-Einzylinder von 1931

Die Motorradproduktion bildet zu Beginn der zwanziger Jahre den Schwerpunkt der Fahrzeugproduktion in Neckarsulm. 3500 Mitarbeiter sind beschäftigt und dies zu einer Zeit, als (Ende 1923) die Inflation ihren Höhepunkt erreicht: Ein Maß Bier kostet 21 Millionen Mark. Als erstes deutsches Werk führt NSU 1927 im Motorradbau das Fließband ein. 1929 zwingt die Welt-Wirtschaftskrise zur Aufgabe des Automobilbaus; zugunsten der Motorradproduktion. Die NSU-Automobilproduktion wird samt Anlagen an Fiat Turin verkauft.

Die Konzentration auf das Motorrad kommt zur rechten Zeit: Anfang der dreißiger Jahre beginnt die sogenannte Volksmotorisierung und NSU bringt das Motorrad "Motosulm" auf den Markt, das mit 35 km/h die Menschen der dreißiger Jahre befriedigt. 1932 meldet NSU 36.200 verkaufte Motorräder.

NSU 201 ZDB (1935) Tourensportmaschine, 7 PS

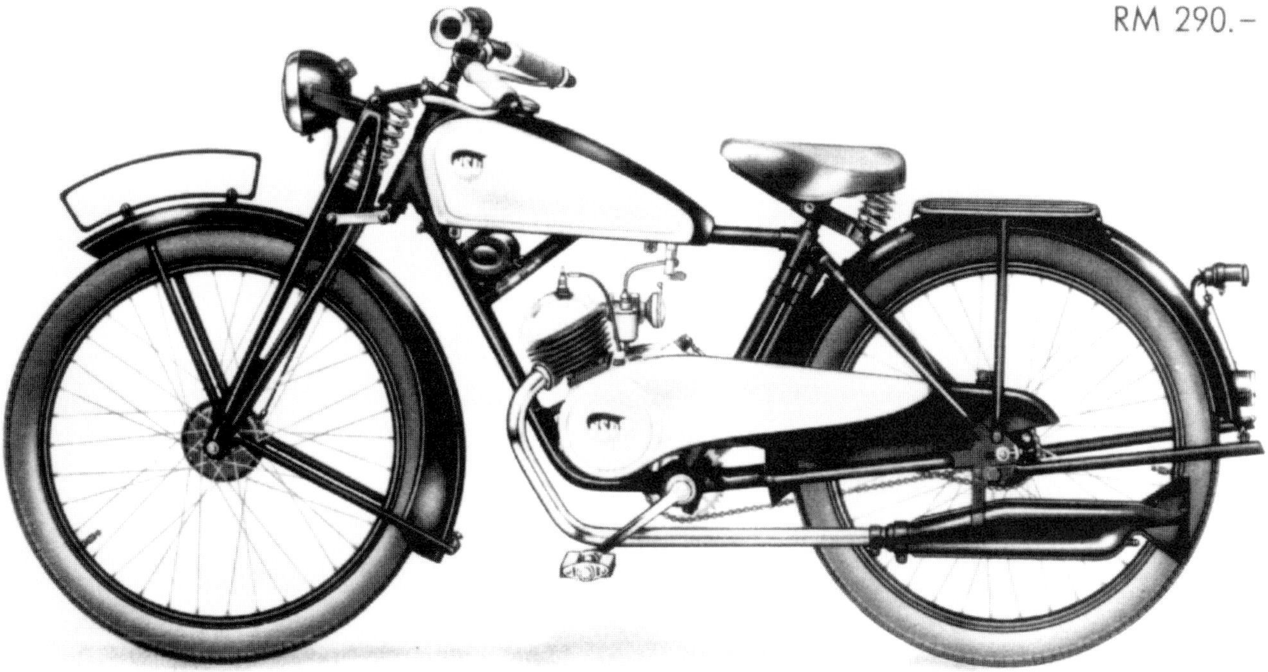


Die NSU Quick (Einzylinder-Zweitakt, 97 ccm, 3 PS, Verbrauch 1,8 Liter, Höchstgeschwindigkeit 55-60 km/h) erscheint 1936 und ist eines der meistverkauften Motorräder.

NSU Rennmaschine mit 500-ccm-Königswellenmotor von 1936

NSU Pony 100, Einzylinder-Zweitakt, 97 ccm, 3 PS, 55-60 km/h Spitze

NSU 501 OSL, Einzylinder-Viertakt, 494 ccm, 22 PS, 125-130 km/h Spitze

Die fast legendäre NSU-Quick wagt sich 1936 auf den Motorradmarkt und kann später von sich behaupten, mit 235.500 an den Mann oder die Frau gebrachten Fahrzeugen, eines der erfolgreichsten Motorräder aller Zeiten zu sein.

Durch Bombenangriffe werden die NSU-Werke 1945 stark beschädigt aber schon 1949 sind 3.000 Mitarbeiter in den wiederaufgebauten Hallen beschäftigt. Die Quick kommt 1949 zusammen mit der Fox 100 auf den Markt. NSU geht gleich in Großserienfabrikation und die Tatsache, daß Fahrwerk und Motor bei NSU hergestellt werden, bewirkt gute Qualität und günstige Preise. Die NSU-Fox ("Fixe Fahrer fahren Fox") erobert ebenso schnell wie die Quick den deutschen Markt. Die 125er gilt in Fachkreisen als eine der schönsten kleinen Maschinen. Hervorragende Straßenlage, viel Komfort, einen 123-ccm-NSU-Zweitaktmotor mit Flachkolben und ein geschlossener Rohrrahmen.

NSU Fox 100 (1949-55), Einzylinder-Viertaktmaschine, die es ab 1950 auch als 125er gibt.

Werner Haas auf Superfox

NSU Superlux

NSU Superlux und Max

NSU 251 OSL, Einzylinder-Viertakt, 10,5 PS, 100 km/h Spitze

NSU Max (1952-55) mit Wiesenblumen-Schmuck, Einzylinder-Viertakt, 247 ccm, 17 PS, 113 km/h Spitze.

Die NSU-Lux mit ihrem 198-ccm-Zweitaktmotor entwickelt eine ungewöhnliche Beschleunigung und Höchstgeschwindigkeit. Die 251 OSL mit 242-ccm-Einzylinder-Viertaktmotor wird von 1949 bis 1951 gebaut und 1952 quasi von der Max abgelöst. Die Max läuft mit ihrem neuen Viertaktmotor auch bei hoher Leistung ausgesprochen leise.

NSU, mittlerweile die größte Motorradfabrik des Kontinents und die älteste deutsche sowieso, bringt als stärkste Nachkriegsmaschinen die beiden Konsul-Modelle heraus, die Konsul I mit 346 ccm und die Konsul II mit 494 ccm. Als 1955 die deutsche Motorradindustrie in die Absatzkrise gerät, erscheinen bei NSU die Superfox und die Superlux. 1956 folgen Maxi und Supermax, beides Viertaktmaschinen.

1959 arbeiten über 7.500 Menschen bei NSU. Deutschlands Moped Nr. 1, die NSU-Quickly, erreicht eine Auflage von 1 Million. Der Automobilbau wird ausgeweitet und die Motorradproduktion eingestellt.

NSU Max (1952-55) mit Einzylinder-Viertaktmotor, 247 ccm, 17 PS, 113 km/h Spitze und NSU Maxi (1956-59) mit Einzylinder-Viertaktmotor, 174 ccm, 12,5 PS, 110 km/h Spitze.

# Die goldene Mitte

Gefragt, welche General Motors Gesellschaft Motorräder gebaut hat, werden die meisten wohl eine Antwort schuldig bleiben. Und doch hat Opel kurz nach der Übernahme durch General Motors in den Elite-Diamant-Werken die berühmte Opel-Motoclub produziert. Das ist Ende der zwanziger Jahre, doch auch schon früher (1901 und 1913) befaßt sich Opel - ohne nennenswerten Erfolg - mit Motorradbau. Zurück zum bekanntesten Opel-Zweirad, der Motoclub, die keine vollkommen eigene Konstruktion ist. Um diese Maschine bauen zu können, erwirbt Opel vom Motorrad-Konstrukteur Ernst Neumann-Neander die Lizenz zur Fertigung gepreßter Stahlrahmen. Diese Rahmen sind bekannt als eine Art "Einheitsfahrgestell", denn sie können fast alle Einbaumotoren von 350 ccm bis 1000 ccm aufnehmen. Opel entscheidet sich für die goldene Mitte und stattet die Motoclub 1928 und 1929 mit eigenen 500 ccm-Motoren aus, wobei man anfangs auf kopfgesteuerte und später auf seitengesteuerte Ventile setzt. Der tief positionierte Muldensattel, die metalleffektartige Lackierung

und der etwas eigenwillig geformte Tank (seine breiteste Stelle befindet sich hinten), all das sind Details, an denen der Kenner sofort die Motoclub erkennt. Ihre Vordergabeln besitzen kurze vertikale Blattfedern - ein Erbe der Neander-Konstruktionen. Im Unterschied zu Neanders Bauweise verwendet Opel ein für beide Räder kombiniertes Bremssystem. Obwohl man mit den zuletzt in Rüsselsheim gebauten Maschinen nie so richtig glücklich wird (neue Motoclubs gab es noch 1933 zu Dumpingpreisen), zählen Opels Motorräder aufgrund ihrer Seltenheit heute zu den gesuchtesten Zweirädern.

Opel trennt sich bereits 1929 endgültig vom Zweiradbau. Ein stiller Untergang - schließlich sorgt man zu der Zeit mit anderen Projekten, wie dem Raketenantrieb für Rennwagen oder dem legendären Opel-Laubfrosch, für mehr Aufmerksamkeit in der Öffentlichkeit.

# Typisch englische Bauweise

Renner & Poppe ist eine der typischen kleinen Motorradfabriken, die nach dem Ersten Weltkrieg überall in Deutschland entstehen. Hier baut man ab 1924 in der Werkstatt nebeneinander Bohrmaschinen und Motorräder: Zweiräder mit einer gut abgestuften Motorenpalette von knapp 200 ccm bis 990 ccm Hubraum. Eines haben die Maschinen von Renner & Poppe alle gemeinsam: einen ausgezeichneten Ruf. Sie sind erstklassig verarbeitet und zeigen sich in typisch englischer Bauweise. Das klingt zwar paradox für ein deutsches Motorrad, hat aber einleuchtende Gründe. Als Antriebsquelle bedient man sich englischer JAP-Einbaumotoren, weil Renner die deutsche Vertretung der Londoner JAP-Werke führt. Ihre Blütezeit erreichen die Renner Zweiräder von 1924 bis 1927, 1932 gab das Dresdner Unternehmen den Motorradbau ganz auf. Zu den interessantesten Modellen zählt die hier gezeigte Renner Original von 1928. Sie wird von einem 500 ccm ohv-Motor angetrieben. Ihr Fahrgestell konstruiert der bekannte Rennfahrer Carl Ostner. Auffallend an der 500 ccm-Version sind sportliche Attribute der Rennmaschinen wie offenlaufender Kupplungskorb und der Doppelauspuff. Der Satteltank, im Unterschied zum vorher üblichen Stecktank, kommt 1928 gerade auf. Eine der Öffnungen ist für Benzin, die andere für Öl bestimmt, das von einer einstellbaren Dosierpumpe zu den Schmierstellen des Motors gefördert wird. Damals werden Motorräder ohne Beleuchtung angeboten, so daß der 1928 gerade modern gewordene Trommelscheinwerfer und die mit Keilriemen angetriebene Lichtmaschine als Sonderzubehör gelten. Über Stückzahlen aller produzierten Renner-Motorräder kann nur spekuliert werden. Kenner der Szene tippen auf etwa 600 Renner-Original.

Renner Original von 1928 mit 500 ccm-Motor

Renner Original von 1928

# Ungewöhnliches Bild

Die heute von so vielen Vetranenfreunden wegen ihrer ungewöhnlichen Bauweise hochgeschätzte Imme aus Immenstadt spielt nur in den allersten Nachkriegs-Motorradjahren eine Rolle. Schon 1951 muß Norbert Riedel aufgeben.Der begabte Techniker mit den revolutionären Ideen entwickelt sein erstes Motorrad 1948. Das Fahrgestell bildet ein kräftiges Stahlrohr. Das Vorderrad hängt nicht wie üblich an einer Gabel, sondern ist einseitig an einem Zentralrohr befestigt. Der Träger des Hinterrades ist gleichzeitig Auspuffrohr. An der vorderen Seite des Auspuffrohres ist

der Motorblock montiert. Der liegende Zweitaktmotor mit Flachkolben der R 100 hat einen Leichtmetallzylinder mit eingegossener Büchse und Stirnkurbelwelle, die R 150 ist mit einem Zweizylinder-Motor ausgestattet, geht aber nicht mehr in Serie.

Die Gesamtkonstruktion der Imme wird in der Fachpresse zwar gelobt und als zukunftweisend gefeiert, weil aber die Ausführung zu wünschen übrig läßt und der Zeitgeschmack dem ungewöhnlichen Bild nicht folgen kann, behält die "ADAC-Motorwelt" mit dieser Prognose nicht recht: "Das aber steht fest, daß es sich hier um eine mehr als fortschrittliche und kühne Konstruktion handelt, die ihren Weg machen wird." Norbert Riedel konstruiert später für Victoria noch die Swing. Anfang der sechziger Jahre kommt der 48jährige bei einem Skiunfall ums Leben.

Riedel Imme R 100, das Vorderrad ist einseitig an dem Zentralrohr befestigt.

# Besonders in Sachsen und Schlesien

Bei Schüttoff in Chemnitz wird der Motorradbau 1924 mit einer 250er Maschine aufgenommen. Zwei Jahre später geht es weiter mit einer 350er Maschine aus eigener Herstellung. Wegen sportlicher Erfolge mit bekannten Fahrern erringt Schüttoff in der zweiten Hälfte der zwanziger Jahre, besonders in Sachsen und Schlesien, große Popularität, was sich selbstverständlich auf den Verkauf der Straßenmaschinen auswirkt.

Eine 500er Einzylinder kommt 1929 auf den Markt und 1930 folgen zwei Zweitakter mit 200 und 300 ccm Motoren von DKW. Aber der Beginn der dreißiger Jahre mit der Wirtschaftskrise bringt für Schüttoff, der deswegen sogar seine Rennabteilung aufgibt, keine weiteren Erfolge. 1932 wird Schüttoff von DKW übernommen.

500er Schüttoff von 1927

Schüttoff von 1926 mit eigenem 348-ccm-Motor

Einzylinder-Zweitakt-Schüttoff von 1930 mit 298er DKW-Motor

# Meisterliche Neukonstruktion

Ernst Wewer aus Wuppertal, von 1923 bis 1926 begeisterter und erfolgreicher Sportfahrer, faßt den Plan, dem weltbekannten englischen JAP-Motor ein Fahrgestell zu geben, das alle Vorzüge der Entwicklung bieten soll. Wewer gründet 1926 die Tornax-Motorfahrzeugfabrik und gewinnt als Konstrukteur den talentierten Otto Karpe.

Damals sind Motorradfahrer noch selten auf den staubigen Landstraßen und es gibt auch noch nicht an allen Ecken Tankstellen oder Reparaturbetriebe. Karbidlampen sorgen für nur spärliche Beleuchtung. In einem kleinen Fabrikraum in Wuppertal-Langenfeld beginnt in dieser Zeit jedoch emsiges Schaffen. Die Leute von Tornax, lediglich mit einigen Werkzeugmaschinen, Zeichenbrett und Schreibtisch ausgerüstet, bringen ein Motorrad auf die Räder, was sich gleich erfolgreich durchsetzt. Stabiler Rahmen, eine wuchtige Vordergabel, außergewöhnlich breite Schutzbleche und ein JAP-600-ccm-Motor mit 18 PS: Die erste Tornax!

In der Folgezeit verlassen mehrere tausend Tornax-Motorräder das Fließband in

Tornax K 25 von 1939 mit 9 PS

Tornax V 200 (1953-55), 11 PS, 95 km/h Spitze

Hubraumgrößen bis 1000 ccm. Nach dem Zweiten Weltkrieg erregt Tornax auf der Frühjahrsmesse in Frankfurt 1950 wieder Aufsehen: Die neue T 175 wird bewundert und die "Neue Kraftfahrer-Zeitung" berichtet: "Eine meisterliche Neukonstruktion auf der bekannten Tornax-Linie. Leute, die nicht nur Motorräder bauen, sondern sie auch selbst fahren, wissen auch um jene scheinbar belanglosen Dinge, die dem Motorradfahrer das Leben oft genug sauer machen." Die Tornax V 200 ist eine Weiterentwicklung der bewährten V 175 und gilt in ihrer Klasse als stärkste Serienmaschine.

Als Tornax 1955 die Tore schließt, verliert die deutsche Motorradindustrie eine Firma, für die stets die Qualität und nicht die Quantität der Maßstab ihres Schaffens war. Heute sind sich jedenfalls nicht nur die Tornax-Liebhaber, sondern alle Motorrad-Veteranenfreunde darin einig, daß diese Marke, die mit der Bezeichnung "Tornax" ein von Torpedo abgeleitetes Symbol für Kraft und Schnelligkeit sein wollte, die deutsche Motorradszene fast drei Jahrzehnte lang hervorragend bereichert hat.

Tornax S 250, die Schwarze Josephine (1953-55), mit 15 PS und 112 km/h Spitze

Tornax ZV 250 (1953-54), 15 PS, 110 km/h

# Britisches Baby - deutscher Knirps

Die Deutschen Triumph-Fahrradwerke AG werden 1896 gegründet und 1903 beginnt in enger Zusammenarbeit mit der englischen Marke Triumph, deren Gründer auch Mitgründer der deutschen Firma sind, die Entwicklung der ersten Motorräder. 1911, in Zeiten wirtschaftlicher Depression, wird die Herstellung von Schreibmaschinen hinzugenommen. Die ersten Motorräder kennen noch kein Getriebe und auch keine Kupplung oder gar Kickstarter. 1920 geht man mit einem "Abkömmling" aus Coventry eigene Wege. Die Rede ist von der Triumpf-Knirps. Es handelt sich um eine einfache Maschine, die sich rasch größter Beliebtheit erfreut. Ihr 276 ccm Zweitaktmotor wird im Laufe der Zeit auf 298 ccm Hubraum vergrößert. Während bei den ersten Modellen die Zündkerze hinten im Zylinderkopf sitzt, wird sie bei den 298 ccm-Ver-

Triumph Knirps von 1920

Motorblock der Triumph Knirps von 1920

Triumph (TWN=Triumph-Werke Nürnberg) mit 500er MAG-Motor von 1930

Einzylinder-Triumph von 1931

sionen seitlich angeordnet. Auf Wunsch liefert Triumpf die Knirps auch mit Kupplung und einem Zweiganggetriebe. Warum nennt man nun dieses Motorrad ausgerechnet "Knirps"? Wie bereits erwähnt, knüpft die deutsche weiterentwickelte Knirps an ihre ursprünglich britische Konstruktion an, die erstmals 1913 unter der Bezeichnung Triumph "Baby" auf dem Markt erschien. Da es aber zu Zeiten des Deutschen Reiches verpönt war, englische Begriffe zu übernehmen, machen die Nürnberger aus dem britischen Baby einen deutschen Knirps.

Wie bei der englischen Version wird auch hier die Kraft über einen aus Segmenten zusammengenieteten Lederriemen auf die mit dem Hinterrad verbundene Riemenscheibe übertragen, was sich am Berg oft als Handikap erweist. Die Rahmenkonstruktion ist simpel und erinnert an den "Unterbau" eines Fahrrades: Rückgratrohr, einfacher Unterzug und angeschraubtes Heckteil. Eine horizontale Schraubenfeder fängt vorn die gröbsten Stöße ab. Gebremst wird per Felgenbremse am Vorderrad, hinten wirkt ein Bremsklotz auf die Riemenscheibe.

1929 trennt sich die deutsche Triumph von der englischen und deren Motoren, die durch solche von MAG bis 746 ccm ersetzt werden. Später folgen in Lizenz gebaute Motosacoche Motoren und 1934 gibt es sogar Triumph-Motorräder mit Sachs-Maschinen.

Als erste Nachkriegsmodelle kommen die BDG 125 und die BDG 250 mit eigenen Einzylinder-Zweitaktmotoren auf den Markt. Der 250er wird bekannt als Büffelmotor und ca. 40.000 Exemplare werden gebaut. Die BDG 250 H hat einen profilierten

Englands mehrfacher Seitenwagen-Weltmeister Eric Oliver auf einer 350 ccm Triumph Boss

Triumph BDG 250 L (1953-55)

Stahlblechrahmen, geschlossen, mit verstärktem Hinterrahmen. Teleskopfederung ist jetzt vorn und hinten angebracht. Die Cornet (1953-57) verfügt über einen kraftvollen, aber leise arbeitenden Doppelkolben-Zweitaktmotor mit Gleichstromspülung. Eine voll gekapselte Hinterradkette und tiefgezogene Schutzbleche gegen Schmutz und Spritzwasser sind weitere Vorzüge.

Nachdem ab 1954 die Motorradproduktion bei Triumph immer mehr zurückgeht, entschließt sich die Firma, die so großartige Pionierarbeit geleistet hatte, 1957 zum Verkauf an Grundig und damit zur Einstellung des Motorradbaus.

Triumph BDG 250 SL (1954-57) mit 12 PS

Triumph Boss (1953-57) mit 16 PS

Triumph Cornet (1953-57) mit 10,1 PS

Triumph BDG 250 L (1953-55) mit 10,5 PS und 94 km/h Spitze

TRIUMPH
Boss
behringer
TRIUMPH WERKE NÜRNBERG A.G. NÜRNBERG

# In der Nürnberger Nopitschstraße

Die Untertanen des deutschen Kaisers Wilhelm I., der gleichzeitig König von Preußen ist, müssen schon sehr betucht sein, um sich ein Victoria-Fahrrad leisten zu können. Immerhin finden sich 1886, im Gründungsjahr der Nürnberger Fahrradfabrik, 280 Käufer, die bereit sind, 500 Goldmark für ein Fahrrad locker zu machen.

Motorräder werden seit 1899 bei Victoria in Nürnberg gebaut. Ein Jahr zuvor besucht Prinz Ludwig von Bayern das Werk. 1905 erscheint das Automobil "Doktors-Victoria-Cabriolet". 1918 zählt die Belegschaft 1.600 Mitarbeiter. Im gleichen Jahr beginnt die Konstruktion eigener Motoren. 1920 wird der berühmte obengesteuerte Boxermotor entwickelt. 1926 erringt Victoria mit der KR 5 (500 ccm) den Weltrekord mit 165 Stundenkilometern. 1938 neuer Umsatzrekord der Victoria-Werke.

Das im Zweiten Weltkrieg durch Bomben zu 80 % zerstörte Werk fängt 1945 mit 28 treuen "Victorianern" mit dem Wiederaufbau an. Als erstes Nachkriegsmotorrad erscheint die KR 25 "Aero" mit dem Victoria-Zweitakt-Steilstrom-Motor mit Flachkol-

Victoria KR 25 (1948-52), Einzylinder-Zweitaktmotor, 247 ccm, 6 PS, 90 km/h Spitze

ben und abnehmbarem Leichtmetall-Zylinderkopf. Die KR 26 Aero verfügt über einen Victoria-Einzylinder-Blockmotor mit Umkehrspülung. Die Victoria Bergmeister des Jahres 1953 ist wieder eine Pionierkonstruktion. Die Swing verfügt über einen kompakten Kurzhubmotor mit Umkehrspülung.

1953 entsteht in der Nürnberger Nopitschstraße eine 6.000 qm große Werkhalle mit Direktionsgebäude. Das 1954 auf den Markt kommende Moped "Vicky" wird richtungsweisend für die gesamte Branche und zu einem Weltbegriff. 1957 wird das fünfgeschossige Verwaltungsgebäude bezogen und 1958 übernimmt DKW die Zweiradproduktion und die Victoria-Werke werden der neu gegründeten Zweirad-Union angeschlossen.

Victoria Bergmeister (1953-57)

Der Motorblock der Victoria Bergmeister von 1955, Zweizylinder-Viertakt, 347 ccm, 21 PS, 130 km/h.

So entsteht die Victoria Bergmeister in der neuen Werkhalle (oben).
Präsentation der Victoria Bergmeister auf der IFMA 1951 (unten).

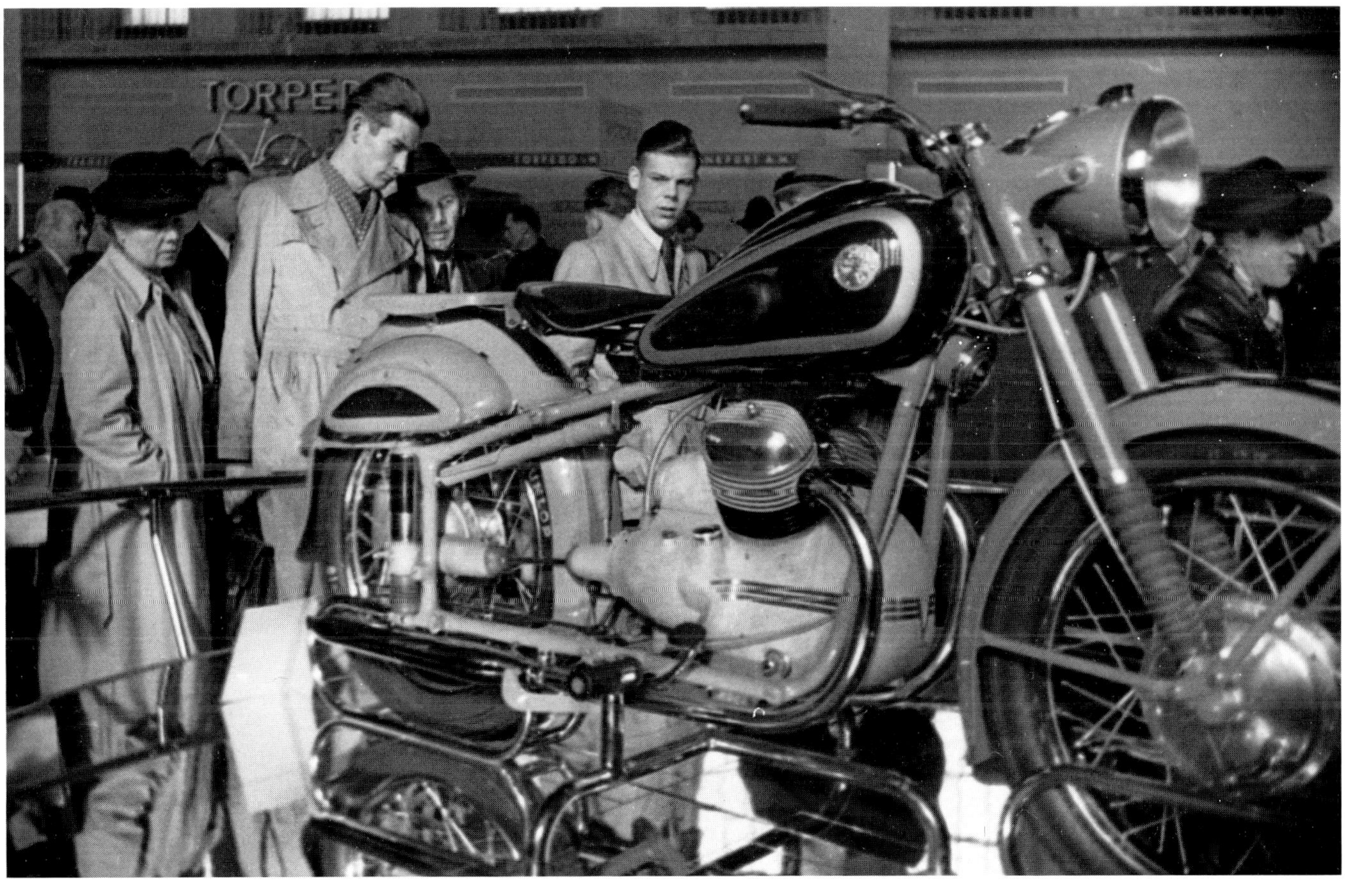

# Liebe zum Detail

Richard Jänicke und Johann Baptist Winklhofer gründen 1885 die "Wanderer-Werke" in Schönau bei Chemnitz. Standbein des Unternehmens ist der Fahrradbau. Ab 1902 produziert man auch Motorräder und fast ein Jahrzehnt später rollte auch das erste Wanderer-Automobil aus den Werkshallen. Zu Unrecht wird oft behauptet, Wanderer-Motorräder seien konservativ. Dabei wird oft vergessen, daß Wanderer sein Motorradprogramm - was technische Verbesserungen betrifft - nur langsam ausbaut. Man hält eben etwas länger als andere an einmal für richtig befundene Konzepte

fest und baut deshalb jahrelang nur eine Einzylinder- und eine Zweizylinder-Maschine. Und wenn diese Motorräder weiterentwickelt werden ist eines sicher: Der Kunde kann sich immer auf die sprichwörtlich gute Wanderer-Qualtität verlassen. Verzichtet man 1919 beispielsweise bei der 2,5 PS Einzylinder-Maschine auf die Hinterradfederung, so ist das keine Sparmaßnahme, sondern ein Zeichen dafür, daß man den gleichen Komfort mit einer raffinierten Sattelfederung erreicht.

Trotz des schlichten Aussehens entdeckt der Kenner an der Wanderer überall die Liebe zum Detail: Z.B.läßt sich während der Fahrt die Keilriemenspannung verändern. Dazu muß nur auf der Tankoberseite eine kleine Kurbel gedreht werden, die die vordere Riemenscheibe exzentrisch verschiebt. Doch die 2,5 PS lockte mit noch mehr Annehmlichkeiten, die man teilweise auch bei den Zweizylinder-Modellen wiederfindet. Aus dem Tankdeckel kann per separatem Schraubverschluß ein Metallstab gezogen werden, der den Benzinstand anzeigt. Von der Tankoberseite aus läßt sich ein zweiter Benzinhahn mit einem drehbaren Röhrchen öffnen. So fließt in der einen Stellung Benzin über den "Zischhahn" direkt in den Verbrennungsraum, um das Starten im Winter zu erleichtern, in der anderen Position kann man Sprit ablassen, um beispielsweise verölte Zündkerzen zu reinigen. Die Handbremse besitzt eine für ein Motorrad eher ungewöhnliche Feststelleinrichtung und am Kupplungshebel gibt es eine "Falle", die die Kupplung bei Bedarf ausgerückt läßt. Der Kurzschlußknopf zum Ausstellen der Ma-

schine läßt sich hineinschrauben und abschließen - anders interpretiert stellt er eine Art frühe Diebstahlsicherung dar. Spätestens jetzt wird verständlich, daß Motorräder mit so vielen Annehmlichkeiten (es ließen sich noch viel mehr aufzählen) nicht gerade billig sein kann. Trotzdem gibt es genügend Liebhaber, die den Wert dieser Konstruktionen erkennen und mit dem Gefühl, eine der besten Maschinen ihrer Klasse zu besitzen, in eine Wanderer investieren.

Nach 27-jähriger Motorradproduktion wird Wanderer 1929 NSU angeschlossen.

Wanderer von 1926, 708 ccm, 5,4 PS, 8 Ventile, Gasbeleuchtung. Vorne ohne Bremse, aber mit zwei getrennten Hinterradbremsen.

# Eine der letzten Großen

Die "Zünder- und Apparatebau-GmbH", gegründet 1917, muß nach mehr als 65 Jahren Konkurs anmelden. Eine der letzten großen deutschen Motorradmarken verschwindet vom Markt.

Der Motorradbau beginnt bei Zündapp 1921 und bis 1930 werden einfache Zweitakter angeboten, die sich gut verkaufen: 75.000 Stück! Ab 1933 kommen Maschinen auf den Markt, deren Motoren von den beiden Konstrukteuren Richard und Xaver Küchen entwickelt worden waren. Während des Zweiten Weltkrieges fertigt Zündapp für die Reichswehr Beiwagenmaschinen.

Nach dem Zweiten Weltkrieg ist Zündapp eine der ersten Firmen, die Motorräder herstellt: Das alte Modell DB 200, eine gute Gebrauchsmaschine, wurde schon von 1935 bis 1940 gebaut und erscheint 1947 fast unverändert wieder auf dem Markt. 1949

*Zündapp 250 S im Einsatz*

Zündapp KS 750 (1941-45), 750 ccm, 26 PS, 95 km/h Spitze

werden monatlich schon weit über 1.000 Maschinen hergestellt und im gleichen Jahr verläßt die hunderttausendste DB 200 das Montageband.

1950 erscheint als erste Nachkriegsmaschine bei Zündapp die DB 201 mit neuem Flachkolben-Zweitaktmotor mit Vierstrom-Umkehrspülung. Die DB 202 unterscheidet sich nur durch das Vierganggetriebe von der DB 201. Die Trophy-Reihe ist mit Einzylinder-Zweitakt-Blockmotoren ausgestattet. Die KS 601, der legendäre "Grüne Elefant", ist eine schnelle Sport- und Seitenwagenma-

Zündapp Norma (1952-55), Einzylinder-Zweitakt, 196 ccm, 8,3 PS, 86 km/h Spitze

schine mit Zweizylinder-Viertakt-Boxermotor. In den fünfziger Jahren tut sich Zündapp auch mit dem populären Motorroller "Bella" hervor, der ein großer Verkaufserfolg ist und mit dem Kleinwagen "Janus", bei dem auf unorthodoxe Weise eingestiegen und gesessen wird: Die Fahrgäste der hinteren Sitzbank steigen vom Heck her ein, sitzen mit den vorderen Insassen Rücken an Rücken und schauen durch das Heckfenster nach draußen.

Ab 1954 geht auch bei Zündapp das Motorradgeschäft zurück und wurden 1953 noch 30.000 Motorräder verkauft, so sind es 1956 nur noch 10.000 Stück. 1958, nach dem Verkauf an Bosch, wird die Produktion komplett nach München verlagert und dort laufen in der Folgezeigt vorwiegend 50-ccm-Maschinen vom Band. Die traditionsreiche, hervorragende Zündapp-Qualität hat zur Folge, daß man sich in München zunächst gegen die japanische Herausforderung zur Wehr setzen kann. Aber 1984 ist der Kampf gegen die Preispolitik der Japaner nicht mehr weiterzuführen und Zündapp gibt auf.

Zündapp DB 202 (1951-52)

Zündapp Norma Luxus (1952-55), Einzylinder-Zweitakt, 196 ccm, 8,3 PS, 86 km/h Spitze

Die Zündapp DB 201 ist die erste Nachkriegsmaschine bei Zündapp und erscheint 1950 mit neuem Flachkolben-Zweitaktmotor mit Vierstrom-Umkehrspülung. Neu ist auch die Teleskop-Vordergabel mit langen Federn.

Ein Zündapp-Trio, vorn die Elastic 200 (1953-55), Einzylinder-Zweitakt, 9,5 PS, 86 km/h Spitze

Bei Zündapp wird im Dezember 1953 die 500.000ste Zündapp, eine Elastic 250, gefeiert.

# Wie sich die Bilder gleichen
1901...

...1991

# Anker

Bis in die dreißiger Jahre des Zwanzigsten Jahrhunderts werden bei den bereits 1893 in Bielefeld gegründeten Anker-Werken ausschließlich Fahrräder hergestellt. Dann kommen Mofas hinzu und der Motorradbau beginnt 1949. Zunächst werden 98-ccm-Maschinen mit Fichtel & Sachs-Motoren präsentiert, die mit Einrohrrahmen und vorderer Teleskopgabel ausgestattet sind. 1951 folgen eine 123-ccm-Maschine mit Ilo-Zweitaktmotor und eine 147er, die von einem Fichtel & Sachs-Motor mit 6,5 PS bei 4500 U/min angetrieben wird. Die 147er mit 4-Gang-Fußschaltung und jetzt auch hinterer Teleskopfederung erreicht verhältnismäßig gute Verkaufszahlen. Trotzdem geben die Anker-Werke den Motorradbau auf und die Produktion an die Paderborner Maschinenfabrik AG (PAMAG) ab, die wegen des hohen Konkurrenzdrucks den Motorradbau 1953 einstellt.

Anker Mofa von 1938 mit 98 ccm Fichtel & Sachs-Zweitaktmotor mit 2,25 PS

# Bastert

Gustav Bastert grundet 1914 in Bielefeld-Heepen einen Reparaturbetrieb für Fahrräder und Nähmaschinen. Bald entwickelt sich daraus eine erfolgreiche Fahrradfabrik mit mehr als 300 Mitarbeitern, die in den dreißiger Jahren auch Mofas mit Fichtel & Sachs-Motoren herstellt. Nach dem Zweiten Weltkrieg beginnt Bastert die Produktion von Motorrädern und Motorrollern, denen Fichtel & Sachs- und Ilo-Motoren eingebaut werden. Es handelt sich um Einzylinder-Zweitakt-

Basterts erstes Motorrad, die B/FS 100, gebaut von 1950 bis 1952 mit 98 ccm Fichtel & Sachs-Motor mit 2,75 PS

maschinen von 98 ccm bis 197 ccm. Mitte der fünfziger Jahre steigt Bastert aus dem Motorradgeschäft aus und in das Kunststoffverpakkungsgeschäft ein. Anstelle von Motorrädern sind jetzt Becher für Joghurt und dergleichen in Bielefeld-Heepen angesagt.

Bastert B/SM 51, gebaut von 1951-55, mit 147 ccm Fichtel und Sachs-Motor mit 6,5 PS bei 5000 U/min

## Bauer

Anfang des 20. Jahrhunderts gründet Ludwig Bauer in Klein-Auheim bei Hanau eine kleine Metallfabrik. Kurz vor dem Zweiten Weltkrieg wird die Produktion von Mofas mit Sachsmotoren hinzugenommen. Nach der Währungsreform 1949 beginnen die Bauer-Werke mit dem Motorradbau. Zunächst werden 97-ccm-Motorräder mit Fichtel & Sachs - Motoren hergestellt. 1952 folgen stärkere Maschinen, jetzt auch mit Ilo-Motoren. Vom anfänglichen Erfolg ermuntert, wird ein eigener obengesteuerter 248-ccm-Einzylindermotor entwickelt, der den Vergaser vor dem Zylinder und das Auslaßventil hinten im Zylinderkopf trägt. Die technischen Probleme des neuen Motors können jedoch nicht bewältigt werden, da die Entwicklung enorm viel Geld verschlingt. Hinzu kommt, daß die Konkurrenz immer größer und härter wird. Ende 1953 gibt die Firma Bauer auf: Die Motorradherstellung wird eingestellt.

Bauer B 150 von 1953 mt Einzylinder-Zweitaktmotor von Fichtel & Sachs mit 6,5 PS bei 4700 U/min

## Bismarck

Im Jahr 1896 werden in Radevormwald die Fahrradwerke Bismarck gegründet. Als zu Beginn des neuen Jahrhunderts in England die ersten Motorräder auf den Markt gebracht werden, beginnen auch die Bismarck-Werke mit dem Motorradbau. Zunächst erzielt das Motorengeschäft jedoch keinen größeren Umfang. 1931 beginnt die Serienherstellung von Motorfahrrädern mit Fichtel & Sachs-Motoren von 75 und 98 ccm Hubraum. Nach

Bismarck 98 TG von 1951 mit Fichtel & Sachs-Einzylinder-Zweitaktmotor mit 3 PS bei 4000 U/min

Bismarck LM 125 K, gebaut von 1950 bis 1953, mit Ilo-Einzylinder-Zweitaktmotor mit 5,8 PS bei 5500 U/min

dem Zweiten Weltkrieg ist eine geregelte Herstellung ab 1948 möglich. Den Mofas folgen 1950 Motorräder mit Fichtel & Sachs- und Ilo-Motoren. Im Motorradkrisenjahr 1956 geht jedoch der Umsatz erheblich zurück und im Juli 1957 wird das Konkursverfahren eröffnet. Am 5. November 1957 hat der kleine Ort Bergerhof bei Radevormwald einen ungewohnten Besucherstrom zu verzeichnen: Hunderte von Interessenten kommen zur Versteigerung der Bismarck-Werke.

## Bücker

Der Schlossermeister und Konstrukteur Franz Bücker gründet 1922 in Oberursel einen „Betrieb zur Herstellung und Instandsetzung von Zweirad-Fahrzeugen". Die ersten Leichtmotorräder „Falke" mit Cockerell-Motor und die ab 1924 gebauten schweren Motorräder verschaffen der Firma einen guten Ruf und bald werden Motorräder bis 1000 ccm fabriziert. In die handwerklich hergestellten Fahrwerke werden JAP, MOTOSACOCHE und COLUMBUS Motoren eingebaut, und das stärkste Bücker-Motorrad ist eine 75 PS Maschine mit 1000 ccm und einer Spitzengeschwindigkeit von 170 km/h. Nachdem während des Zweiten Weltkrieges die Produktion ruhte und nur noch Reparaturen ausgeführt wurden, kommt es 1948 mit neuen Motorrädern zu einem schnellen Aufschwung und guten Umsätzen. Maschinen von 123 bis 200 ccm Hubraum mit Ilo-Motoren werden präsentiert und 1952 gesellen sich zwei 250er hinzu: Die Ilona I ist mit

Bücker Ilona II, gebaut von 1952-55 mit Ilo-Einzylinder-Zweitaktmotor mit 15,1 PS bei 6000 U/min

einem Ilo-Einzylindermotor und 12,8 PS bei 4750 U/min ausgestattet und die Ilona II mit einem Ilo-Zweizylindermotor mit 15,1 PS bei 6000 U/min. 1955 muß Bücker, wie so viele kleinere Hersteller in dieser Zeit, zur Kenntnis nehmen, daß im Konzert der Großen kein Platz ist und stellt sich auf Verkauf, Wartung und Reparaturen von Automobilen um.

## Göricke

Obwohl die Göricke-Werke Nippel & Co. in Bielefeld zu den renommierten Fahrradherstellern gehören und es eigentlich kaum nötig haben, ins Motorradgeschäft einzusteigen, können sie in Motorrad-Blütezeiten das Mitmischen nicht sein lassen. So stellen sie erstmals 1903 Motorräder her, geben aber etwa 1912 diesen Geschäftszweig wieder auf, um

Göricke 125, gebaut von 1950-52, mit Ilo-Einzylinder-Zweitaktmotor mit 5 PS bei 5000 U/min

Göricke 100 S von 1960 mit Fichtel & Sachs-Einzylinder-Zweitaktmotor mit 5,2 PS bei 5250 U/min

Ende der zwanziger Jahre bis 1933 erneut einzusteigen. Danach werden noch Mofas bis Kriegsausbruch gebaut. 1949 ist man wieder dabei. Bis 200 ccm wird alles gebaut, was Ilo und Fichtel & Sachs an Hubraum zu bieten haben. 1960 ist bei Göricke dann endgültig Schluß mit dem Motorradbau.

## Hecker

Der Ingenieur Hans Hecker meldet am 31. August 1922 in Nürnberg die Fabrikation von Spezialfahrrädern für Einbaumotoren an. Die Abmeldung erfolgt am 2. Mai 1957. Während der 35 Jahre dazwischen dreht sich bei Hecker alles um das Motorrad. Zunächst werden in den zwanziger Jahren Nürnberger Motoren eingebaut, ab 1926 JAP-Motoren von 198 bis 546 ccm. Das Jahr 1948 bringt dann mit einer Ausnahme die Verwendung von Ilo-Motoren: Die V 200 ist mit einem Einzylinder-Zweitaktmotor von Villiers auf dem deutschen Markt. Das Hecker-Spitzenmodell, die K 250, gilt als solide, moderne Maschine der Mittelklasse. Sie verfügt vorn über eine kräftige Teleskopgabel und ist hinten mit einer Jurischfederung ausgestattet. Auch Hecker kann die Motorradkrise nicht überstehen und so kommt es 1956 zur Einstellung der Motorradproduktion, nachdem man zwischendurch auch mit einem Motorradhandel nicht so recht ins Geschäft kommen konnte.

Hecker K 175, gebaut von 1951-55 mit Ilo-Einzylinder-Zweitaktmotor mit 7,65 PS bei 4500 U/min

Hecker K 250, gebaut von 1953-56 mit Ilo-Einzylinder-Zweitaktmotor mit 12,8 PS bei 4750 U/min. Diese Maschine wurde zu einem Preis von 1885 DM angeboten

# Miele

Carl Miele und Reinhard Zinkann gründen 1899 in Herzebrock eine Firma zur Herstellung von Milchzentrifugen. Der Motorradbau beginnt 1933 mit Sachsmotoren. Nach dem Krieg baut Miele von 1950 bis 1955 Motorräder mit Fichtel & Sachs-Motoren von 98 und 147 ccm. Während die K 21 und die K 30 noch mit einer Trapezfederung vorn ausgestattet sind, verfügen die ab 1953 gebauten Miele-Motorräder 100 und 150 bereits über Teleskopfederung vorn und hinten. Alle vier Modelle sind mit einem windungsfesten, geschlossenen Stahlrohrrahmen ausgerüstet. Das Hinterrad verfügt über eine neuartige Bremstrommelnabe von Fichtel & Sachs.

Miele K 30, gebaut 1950-52 mit Fichtel & Sachs-Einzylinder-Zweitaktmotor mit 3 PS bei 4000 U/min

Miele 100, gebaut 1953-55 mit Fichtel & Sachs-Einzylinder-Zweitaktmotor mit 3 PS bei 4000 U/min

# Panther

Die Braunschweiger Fahrradwerke, später Panther AG, werden 1896 gegründet. Der motorisierte Fahrzeugbau beginnt in den dreißiger Jahren mit Mofas mit 75 und 98 ccm Hubraum. Die Maschinen haben einen verwindungsfesten Doppelrohr-Rahmen, verstellbare Tretlager, Tigerfedergabel mit Stoßdämpfung. Die KS 150 wird schon mit Jurisch-Hinterradfederung geliefert. Die ab 1958 gebaute KS 175 S, mit moderner Hinterradschwinge, ist das letzte richtige

Panther KS 98, gebaut von 1951-52 mit Fichtel & Sachs-Einzylinder-Zweitaktmotor mit 3 PS bei 4000 U/min

Panther KS 150, gebaut von 1951-52 mit Fichtel & Sachs-Einzylinder-Zweitaktmotor mit 6,5 PS bei 4700 U/min

Motorrad der Braunschweiger Pantherwerke, die Ende der fünfziger Jahre die Motorradproduktion aufgeben. Mit der englischen Motorradmarke Panther hatten die Braunschweiger übrigens nichts zu tun, und wegen der Namensgleichheit werden die Motorräder der deutschen Firma in England unter der Bezeichnung „Leopard“ angeboten.

## Patria

Die Patria Fahrzeug GmbH in Solingen stellt Mitte der zwanziger Jahre erstmals Motorräder her, die mit 248-ccm-Motor ausgestattet sind. In den deißiger Jahren werden Mofas mit 98-ccm-Sachs-Motoren angeboten. Nach dem Krieg folgen 1950 Motorräder mit 123, 147 und 173 ccm mit Motoren von Ilo. Verhandlungen mit der Firma Riedel über den Einbau von Imme-Motoren bleiben ergebnislos, weil bereits 1952 der Motorradbau eingestellt wird.

Patria 51/175, gebaut von 1950-52 mit Ilo-Einzylinder-Zweitaktmotoren mit 8,5 PS bei 5000 U/min

## Rabeneick

Als die Firma August Rabeneick 1933 in das Handelsregister von Brackwede bei Bielefeld eingetragen wird, umfaßt das Fertigungsprogramm zunächst Polier- und Schleifscheiben sowie Poliermittel. 1950 erscheinen die ersten Motorräder mit Motoren von Fichtel & Sachs und Ilo. Die Motorräder werden mit 98, 123, 147 und 173 ccm Hubraum angeboten, 1952 folgt eine 197-ccm-Version und 1953 das stärkste Motorrad von Rabeneick mit 244 ccm Hubraum. 1956 erscheint bei Rabeneick die LM 100/3. Das Leichtmotorrad wird von dem neuen Sachsmotor mit seinem leicht nach vorne geneigten Zylinder angetrieben. Weil die Preisgrenze von 1000 DM eine echte Alternative zur großen Konkurrenz der Roller und Kleinwagen ist, können sich die 100er recht gut in dieser Motorrad-Krisenzeit durchsetzen. Für hohe Ansprüche baut Rabeneick noch die attraktive Universal 250. Im

Sog des immer stärker werdenden Käuferinteresses am Auto Mitte der fünfziger Jahre läßt auch bei Rabeneick die Motorrad-Nachfrage zu wünschen übrig. Die Firmenleitung regiert prompt und erfolgreich: Durch die inzwischen eingegangene Verbindung mit Fichtel & Sachs ist eine Produktionsumstellung zur Kupplungsaufarbeitung möglich.

Rabeneick LM 100E, gebaut von 1950-52 mit Fichtel & Sachs-Einzylinder-Zweitaktmotor mit 3 PS bei 4000 U/min

Rabeneick 250 Universal mit kopfgesteuertem Einzylinder-Viertaktmotor mit 15 PS

## Rixe

Zwar gehört das Bielefelder Rixe-Werk nicht zu den großen Motorradherstellern, dafür aber zu den beharrlichsten. Als es im Januar 1985 seine Tore schließt, kann es darauf verweisen, viele größere Werke um Jahrzehnte überdauert zu haben. Das 1921 in Brake bei Bielefeld gegründete Fahrradwerk baut in den dreißiger Jahren Mofas mit 98-ccm-Sachsmotoren. 1949 geht es mit diesem Motor weiter, es folgen Maschinen bis 244 ccm, die mit überwiegend selbstgefertigten Teilen ausgestattet sind. Die ab 1953 gebauten 244-ccm-Maschinen mit Zweizylinder-Zweitaktmotoren von Ilo bilden den Höhepunkt der Motorradproduktion bei Rixe. Nach der Motorradflaute Mitte der fünfziger Jahre überlebt Rixe mit Mofas und Mopeds. Nach den ansonsten recht mageren sechziger Jahren kommt es Mitte der siebziger Jahre zu einem kurzen Aufschwung, 1984 ist Rixe am Ende.

Rixe Mofa T 98-50, gebaut von 1950-59 mit Fichtel & Sachs-Einzylinder-Zweitaktmotor mit 3 PS bei 5000 U/min

Rixe KT 150, gebaut von 1950-52 mit Fichtel & Sachs-Einzylinder-Zweitaktmotor mit 6 PS bei 5000 U/min

## Schürhoff

Die Gevelsberger Fahrrad- und Fahrradteilefabrik nimmt nach dem Zweiten Weltkrieg außer Nähmaschinen auch Mopeds und Motorräder in ihr Fertigungsprogramm auf. Während die Mopeds noch in der zweiten Hälfte der fünfziger Jahre gebaut werden, stellt Schürhoff den Bau seiner Motorräder mit Einzylinder-Zweitaktmotoren von Ilo 1953 wieder ein, nachdem er rechtzeitig die Absatzschwierigkeiten erkannt hatte.

## Sudbrack

Der renommierte Fahrradhersteller aus Bad Salzuflen-Schötmar bringt 1950 Mopeds und Leichtmotorräder mit 98er und 123er Ilo-Motoren auf den Markt. Bekannt wird das Werk allerdings in den fünfziger Jahren durch die Herstellung von qualitativ hochwertigen Fahrradrahmen.

Sudbrack TM 3 von 1950 mit Ilo-Einzylinder-Zweitaktmotor mit 5 PS bei 4800 U/min

## Torpedo

Die Torpedo-Fahrradwerke aus Rödelheim bei Frankfurt am Main bauen von 1928 bis 1934 Leicht-Motorräder mit 198-ccm-Einzylindermotoren. Nach dem Krieg werden Zweitaktmaschinen von 98 bis 174 ccm angeboten, deren Motoren von Fichtel & Sachs und Ilo stammen. Die Fahrwerke sind aus geschlossenem Rahmen mit nahtlos gezogenen Stahlrohren. Die Modelle 150 und 175 verfügen über Teleskopfederung vorn und hinten. Die Torpedo-Werke stellen bereits 1953 ihre Motorradproduktion ein und beschränken sich auf die Herstellung von Mopeds und Fahrrädern.

Torpedo 175 von 1951 mit Ilo-Einzylinder-Zweitaktmotor mit 8,5 PS bei 5000 U/min

# UT

Bereits seit 1925 werden bei Schwenk & Schnürle in Möhringen an der Filder Motorräder mit Einbaumotoren von JAP, Blackburne und Küchen gebaut. Nach dem Krieg ist UT als erster deutscher Hersteller mit Hinterradschwinge mit Federbeinen auf dem Markt. Die zuerst gebauten KTN 125 und KTN 175 sind mit Einzylinder-Zweitaktmotoren mit Umkehrspülung und Flachkolben von Ilo ausgerüstet. Die KTV 175 unterscheidet sich von ihren Vorgängerinnen durch die Viergang-Fußschaltung. Die TS 250 und die TS 252 werden von einem neuartigen Stahlrohrrahmen mit hinterem Schwingrahmen und Federbeinen, ölgedämpft und für Solo- und Soziusbetrieb einstellbar, getragen.

UT KTN 125, gebaut 1951-55 mit Ilo-Einzylinder-Zweitakt-Motoren mit 5,5 PS bei 5500 U/min

Die neue UT-Teleskop-Federgabel mit 120 mm Federweg ist feder- und ölgedämpft. Beim Sattel kann man wählen zwischen dem normalen Pergusa-Sattel oder, wenn man bereit ist zuzuzahlen, der bequemeren Doppelsitzbank und ein Seitenwagenanschluß ist selbstverständlich vorgesehen. Die letzten Motorräder, die bei UT gebaut werden, die

UT TS 252, gebaut von 1956-59 mit Ilo-Zweizylinder-Zweitaktmotor mit 15,1 PS bei 6000 U/min

VS 100 und die VS 252 haben einen 97-ccm - Einzylinder-Zweitaktmotor von Fichtel & Sachs, bzw. einen 244-ccm-Zweizylinder Zweitaktmotor von Ilo eingebaut. Zu Beginn der sechziger Jahre wird bei Schwenk & Schnürle der Motorradbau eingestellt und eine weitere Marke hoher Qualität verläßt den schrumpfenden deutschen Markt.

IFMA Internationale Fahrrad- und Motorradausstellung 1953

# Dank

für Mithilfe, Abbildungen und Auskünfte: August Wurring, Breitscheid; BMW AG, München; Dürkopp-Werke AG Bielefeld; Hercules-Werke, Nürnberg; Firma Autopress, Neckarsulm; M.E. Wewer (ehem. Tornax-Werke) Wuppertal; Triumph-Adler AG, Nürnberg; Fichtel & Sachs AG, Schweinfurt; Verband der Zweirad- und Motorradindustrie, Bad Soden; WK-Verlag, Bad Salzuflen; Ilo-Motorenwerk, Pinneberg; NSU Quick-Archiv, München; Herbert Allenberg, Bad Soden; Reimer Weiher, Metzingen; Beate Zartmann, Neckarsulm; Frau Löhr, Bielefeld; Frau Tragatsch, Bielefeld; Dirk Bastert, Bielefeld; Dr. Bernd Wiersch, Wolfsburg; Astrid Schürhoff, Gevelsberg; Claudia Peter, München; Stadtarchiv Bielefeld; Gustav Upmeier, Lengerich; Rudolf Heppe, Brilon; Stadtverwaltung Radevormwald; Bernd Regenberg, Haltern; Harald Dohmen, Schwabmünchen; H. und H. Walz (Bücker-Werke), Oberursel; Werner Hüttemann, Herne; Albrecht Strack, Idstein; Miele-Werke, Gütersloh; August Rabeneick GmbH, Bielefeld; Schürhoff Metallwerke, Gevelsberg und Jürgen Zahel, Böblingen.

# Literatur

Oldtimer-Markt, verschiedene Ausgaben; Das ist Hercules (Firmenschrift); Grom, Theo: Fünfzige Jahre Triumph-Motorräder; Wewer, Ernst: Seit 25 Jahren Tornax-Motorräder; Chronik des 20. Jahrhunderts, Harenberg-Verlag Dortmund; Tragatsch, Erwin: Berühmte Konstruktionen; Tragatsch, Erwin: Motorräder 1894 bis 1971; Kubisch, Ulrich: Motor-Roller-Mobil, Windecker, C.O.: Deutsche Motorradtypen 1951-53; Das Motorrad (verschiedene Ausgaben), Schuricht Walter: Das Kraftrad und seine Behandlung; Aus der Geschichte der Bauer-Werke; Bismarck-Werke, Jubiläumschrift; Bergische Tageszeitung; Fünfzig Jahr Bücker-Werke Oberursel; Dürkopp heute, Werkszeitschrift; Miele – Porträt eines Unternehmens, Firmenschrift; Rad der Zeit, Audi-Firmenschrift; Panther-Werke, Festschrift; Kraus/Heide: Rabeneick-Werke, Ansprache; Neue Westfälische; Reitz, Otto: Triumph-Jubiläum, Festrede; Automobil- und Motorradchronik, verschiedene Ausgaben; Motor-Klassik, verschiedene Ausgaben; Rauch, Siegfried: DKW – Die Geschichte eine Marke; Das Motorrad, verschiedene Ausgaben.

# Weitere Motorradliteratur aus dem Podszun-Verlag

110 Seiten, fester Einband
ISBN 3-86133-137-3
DM 39,80 SFr 39,80 ÖS 309,00

102 Seiten, fester Einband
ISBN 3-86133-210-8
DM 39,80 SFr 39,80 ÖS 309,00

112 Seiten, fester Einband
ISBN 3-86133-116-0
DM 48,00 SFr 46,00 ÖS 380,00

144 Seiten, fester Einband
ISBN 3-923448-31-7
DM 68,00 SFr 65,00 ÖS 529,00

144 Seiten, fester Einband
ISBN 3-923448-22-8
DM 68,00 SFr 65,00 ÖS 529,00

144 Seiten, Leinenbroschur
ISBN 3-86133-201-9
DM 29,80 SFr 29,80 ÖS 232,00

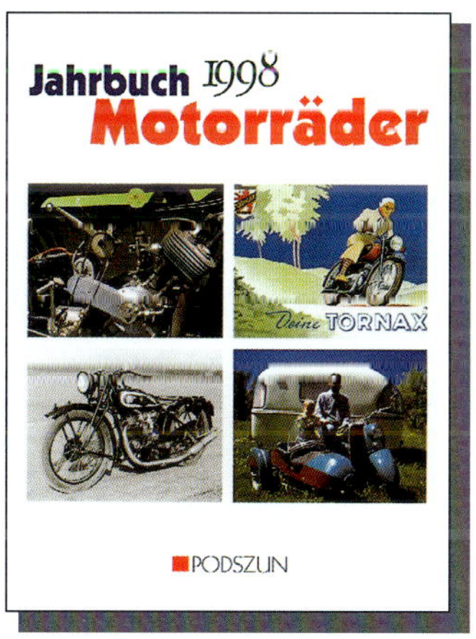


144 Seiten, Leinenbroschur
ISBN 3-86133-178-0
DM 29,80 SFr 29,80 ÖS 232,00

Fordern Sie unseren
neuesten Katalog an:
Podszun-Verlag
Elisabethstraße 23-25
D-59929 Brilon
Telefon 02961 / 53213
Telefax 02961 / 2508